Poppy

ポピーの文化誌

アンドリュー・ラック 著
Andrew Lack

上原ゆうこ 訳

花と木の
図書館

原書房

［……］は訳者による注記を示す。

ラウンドウェイ・ダウンに広がるポピーの花畑。ウィルトシャー（イングランド）、2012年7月。

第1章 ポピーとは何か

夏のバラがすべての栄光を集め
愛と喜びの信奉者の頭を飾るとき、
不運の犠牲者が、何度もため息をついて挨拶する
なんじ、道なき野の緋色のポピーに、
派手やかなれど野にあり孤独、身を隠す葉はなく
やわらかな衣が、疾風が吹きあがるたび
はためき、交互に頭にまとわりつく。
長い草のなかに恋で正気を失った乙女が立ち
呆然と笑みを浮かべる。風が吹くたび
埃と雨で汚れてしまった派手なリボンがなびく。
それでも幻覚が彼女の痛めつけられた心をだまし、
偽りの平安をもたらす。こうして悲しみと苦しみをなだめ、
何もかも忘れさせるやさしい夢がなんじの汁液から生まれる

なんじ、か弱く、華やかで、物悲しい雑草。

——アンナ・スアード（1742〜1809年）「ポピーへ」

ポピー、この名前だけで、長い間忘れていたこと、記憶のなかに埋もれていた思いが浮かんでくる。それは野の花のなかでもっともよく知られている花にちがいない。美しく、ほかの花と間違えようがなく、畑の雑草のことを考えたときにきっと最初に思い浮かぶ植物だろう。さまざまな意味で、ポピーは麦畑の代表的な雑草だ。農地など耕された土地や攪乱地［造成されたり掘り返されたりしてかき乱された土地］にだけ生える。特有の色をした成長の速い植物なので、かならず気づき、ほとんど誰でもそれがポピーだとわかる。麦畑全体がとても鮮やかな緋色に染まるほど大量に発生することがあり、すると何キロも離れたところからでも見える。

そんなポピーの花畑は古くから受け継がれてきた文化の一部であり、画家、詩人、そのほかの文筆家たちに多大な影響を与えてきた。その一方で農家の人たちには、その見事な美しさにもかかわらず、畑にポピーが生えていることを嘆くもっともな理由があった。作物が台無しにされるかもしれないのだ。ポピーは人々にとても好かれている花だが、農家にとっては、ヨーロッパで農業が始まって以来、もっとも腹立たしい花なのである。ポピーは、ヨーロッパの文化に、どんな植物より深くきざみこまれている。

◉ポピーが意味するもの

シンボルとして、ポピーはいくつもの異なることを意味してきた。最初は多産と地面から出てくる新たな生命のシンボルだったが、同じくらい多くの場合、アンナ・スアードの詩にあるように、不運のシンボルで、農業にとって深刻な雑草とみなされた。現在では、「ポピー・デー」に戦死者を追悼するシンボルとしてのポピーが、もっともよく知られている。

ポピーはほかにも私たちの生活のさまざまな面に入り込んでいる。ドレスのプリント、ブローチ、イヤリング、さまざまな会社の商標やロゴなど、とくに戦争に関連があるものならあらゆる種類の装飾にポピーが使われている。ポピーの花の形をしたランプシェードやドアノブもある。また、「トールポピー」がとびぬけて有能な人を意味し、ノーフォーク鉄道が「ポピーライン」と呼ばれるように、何らかの概念と結びついている場合もある。女の子に花の名前をつける例が増えている。リリー、ローズ、デイジー、ジャスミンなど、ほかにいくつもあるが、ポピーがとくに目立つ。こうしたものは、大きく損なわれてしまった自然とのつながりに対する郷愁の表れかもしれない。2002年に野生植物保護団体のプラントライフがイギリス各州の花を決める企画を立ち上げ、投票でヒナゲシがノーフォーク州とエセックス州の花になった。

多くの人にとって、ポピーはもうひとつのまったく違うことを連想させる植物である。ポピーは、最古のもっともよく知られた麻薬、アヘンの原料なのだ。あらゆるポピーがもつ特徴のひとつが乳液を出すことで、普通は白か無色だが、色がついている場合もある。この科の多くの植物は有毒で、

ポピーのイアリング。リーマ・ブトクテ作、その自生地にて。

ポピーの花の形をした装飾的なランプシェード。シュロップシャー（イングランド）。

エリザベス・ブラックウェルによるヒナゲシのイラスト。植物画集『キュアリアス・ハーバル』（1737年）より。

ケシのイラスト。O. W. トーメ、『ドイツ、オーストリア、スイスの植物』（1885年）より。

有毒な植物の多くがそうであるように、この毒は注意して用いれば医学的に非常に有用だが、陶酔をもたらす薬物にもなる。アヘンの特性については紀元前4500年より前から知られており、ポピーといえば薬物に誘導された眠りや幻覚という連想が、私たちの頭にしっかりきざみつけられている。[1]

このような陶酔をもたらす物質を供給しているのがヒナゲシとはまったく別種のポピーで、その花が普通は赤ではなく――赤いものもあるがそれほど一般的ではない――くすんだ白かすみれ色であることは、この連想に影響を与えない。それでもやはりポピーだからだ。ふたつの種は民間伝承や文学、大衆心理においてよく混同され、「ポピー」は緋色の農地の雑草で催眠作用があると述べられていることが多い。ケシ（英名はオピウムポピー）はそのような物質をもっとも高濃度に含有し、用途が非常に広い。ヒナゲシ（英名はコーンポピー）はロエアジンを少量含み、これには穏やかな鎮痛作用があって、痛みや不眠に対して使われてきたが、効果はアヘンにとうてい及ばない。

本書は、異なるものだがヒナゲシとケシの両方と、この美しい科のほかの植物を取り上げる。本書ではあらゆる関連付けとそれが意味することだけでなく、これら注目すべき植物の、やはり同じくらい興味深い生物学にも注目する。

◉名前

ポピーは古くからよく知られた植物で、その名前の由来について、ヨーロッパ諸言語の古代のルーツより前のことははっきりしないが、英語のポピー（poppy）、そしてフランス語のパヴォ（pavot）、ハンガリー語のピパチ（pipacs）、現代ギリシア語のパパルナ（paparoúna）など、ヨーロッパの多くの言語におけるこの植物の名前は、ラテン語の名前パパウェル（papaver）に由来する。このラテン語自体は、紀元前４０００年頃の古代メソポタミアにおける最初期の農業と関係があるのかもしれない。

わかる範囲では、あるアッシリアの文書でポピーの汁のことをパパ（pa pa）と呼んでいる。[2] さもなければ、やわらかい食べ物やベビーフードを意味するラテン語のパッパ（pappa）と、「～を生じる」という意味のフェルレ（ferre）に由来するのかもしれない。というのは、すべてのポピーの茎から乳液がにじみ出るからだ。その起源が何であれ、ラテン語の *papaver* が、今日、ヨーロッパのポピーの代表的な属（ケシ属）の学名として使われている。

古代ギリシア語の名前はメーコーン（mekon）だった。その起源は、メコネでゼウスが人間から火を取り上げたあと、それを盗み出したことでよく知られるプロメテウスの神話にあるのかもしれない。だがじつはそれは逆で、そこでよく見られる花だったから、この場所にポピーにちなんだ名前がつけられたということもありうる。意外なことではないが、ポピーはその色が理由で火と結びつけられている。

ギリシア語の名前は *Meconopsis* という属名に使われ、ポピーの汁液と似ていることから胎便（赤ちゃんが初めて出す便）がメコニウムと呼ばれている。スラブ語でポピーはマーク（mak）と呼ばれ、おそらく同じルーツをもつのだろう。ドイツ、オランダ、スカンジナビアの言語のこの植物の名前はモーン（mohn）、ヴァルモ（vallmo）、あるいはその変形で、古ノルド語の名前に由来し、おそ

ヒナゲシの呼び名とそれが生まれた州：ジェフリー・グリグスン『イングランド人の植物誌』（1955年）より[3]。

ブラインド・アイズ（ノーサンプトンシャー）
ブラインド・マン（ウィルトシャー）
ブラインディ・バフズ（ヨークシャー）
ブルズ・アイズ（サマセット）
バタフライ・レイディーズ（サマセット）
キャンカー、キャンカーローズ（イーストアングリア）
チーズボウルズ（サマセット）
コックノ（ノーサンバーランド）
コックローズ、コックスコーム、コックス・ヘッド（ヨークシャー、スコットランド）
コリンフッド（ロックスバラ、ロジアン）
コップローズ、カップローズ（さまざまな州）
コーンフラワー、コーンローズ（デヴォン、ドーセット、サマセット）
カスク（ウォリックシャー）
デヴィルズ・タング（コーンウォール）
イアーエイクス（ダービシャー、ノッティンガムシャー）
ファイアーフロート（サマセット、ノーサンバーランド）
ゴリウォグズ（サマセット）
ジャイ（サフォーク）
ヘッドエイク（さまざまな州）
ホグウィード（イーストアングリア）
ライトニングス（ノーサンバーランド）
オールド・ウーマンズ・ペティコート（サマセット）
パラダイス・リリー（サマセット）
ペッパー・ボクシーズ（サマセット）
ポイズン・ポピー、ポペット、ポプル（さまざまな州）
レッドキャップ、レッドカップ、レッド・ドリー、レッド・ハンツマン、レッド・ナップ、レッド・ソルジャーズ（すべてサマセット）
レッド・ペティコート（ケント）
レッド・ラグズ（ドーセット）
レッドウィード（さまざまな州）
スリーピーヘッド（サマセット）
ソルジャーズ（さまざまな州）
サンダーボール（ウォリックシャー）
サンダーボルト（さまざまな州）
サンダーカップ、サンダーフラワー（ウィルトシャー、バーウィックシャー）
ウォートフラワー（コーンウォール）
ワイルド・モーズ（ダービシャー）

らくギリシア語とつながりがあるのだろう。アヘンを意味する「オピウム（opium）」という言葉は、植物の汁液を意味するギリシア語のオポス（opos）に由来する。

これほどよく知られた植物であれば予想されることだが、ポピーにはほかにも地方の呼び名がたくさんあった。ジェフリー・グリグスンが、1955年の『イングランド人の植物誌 *Englishman's Flora*』のためにリストを作成している。[4] そこに挙げられた名前の多くはイングランド西部地方のもので、おそらくそれは彼が最初はコーンウォール、それからウィルトシャーを中心に活動したからだろう。いくつかの名前は、本書で論じるこの植物の民間伝承と関係がある。フランス語にもコクリコというもうひとつの名前があり、クロード・モネによるポピーの絵で使われているためよく知られている。その文字通りの意味はコッククローつまり雄鶏の鳴き声で、いくつかの英語の地方名と同じように、雄鶏のとさかの色によく似ているからである。

◉ポピーの起源

ポピーの歴史は、ポピーはどこで生まれたのか、から始めなければならない。そして、すぐにそれが難しい問いであることがわかる。ポピーはどこから来たのか？　見慣れた普通のポピー、つまりヒナゲシ（*Papaver rhoeas*）は、温帯ヨーロッパ全域、温帯アジアの大部分、北アフリカ、そして北アメリカの広い範囲に分布している。北アメリカにはヨーロッパ人によっておそらく意図せず作物とともに持ち込まれたことがわかっているが、あとの地域についてはどうなのだろう。ポピーは麦畑、道端、そのほかの攪乱された場所に生え、少なくとも北ヨーロッパではそのような環境にだ

喜多川相説（そうせつ）「芥子図」。1640年代、掛け軸。

け生えている。およそ7000年前に中東から農業が伝わる前は、イギリスなど北ヨーロッパにはポピーは存在しなかった。イギリスにヒナゲシが存在した最初の確かな証拠は、紀元前3500～2500年の新石器時代の遺跡のものである。[5]

シリア、トルコ南部、イラク北部の山地沿いに広がる肥沃な三日月地帯で農業が始まったのは、およそ1万2000年前のことである。それは人類の生活様式に起こったこれまでで最大の変化だ。この変化以前にも、火を使用し特定の植物の生育を促して環境をある程度操作していたが、農業によりまったく新たなレベルの管理になり、人類はそのときいた土地に定住するようになった。農業は古代メソポタミア（現在のイラク）に広がり、人々が定住する最初の町や都市が生まれ、最初の文書が書かれた。こうした動きはあらゆる方向に広がり、ヨーロッパ南東部からしだいに北や西へ広がって、農業技術は少しずつ洗練されていった。農民は家畜（おもにヒツジとヤギ）、そして小麦や大麦のような作物とともに移動し、それを追うように、こうした作物と密接なつながりをもつ植物、今では雑草と呼ばれている植物も広がった。ポピーもそのひとつであったにちがいない。ということは、イギリス国内におけるポピーの位置は、イギリス諸島に人間の移住に助けられずにやってきたという意味での「土着」の植物ではないということになる。

ポピーが故意に持ち込まれた可能性もあるが、人間の助けがわざとではなかった可能性のほうが高い。人間が提供した農業環境でポピーとそのほかの雑草が盛んに成長できただけのことだ。初期の文明で広がったこれらの植物は「史前帰化植物（しぜんきか）」と呼ばれるようになった。[6]これは、イギリスでは新大陸が発見された1492年より前に人間によって持ち込まれた植物と定義されるが、多くの史前帰化植物はポピーのような麦畑の雑草である。おそらく農業が始まって以降のある時点で偶然持ち込まれたのだろうが、とにかく1492年よりかなり前のことである。はっきりしているのは、ポピーとそのほかの雑草が拡大に大成功して、穀物畑の雑草として完全に定着したということだ。

ヒナゲシが種として最初に登場した可能性が高いのはどこか明らかにするには、もっとも近縁の植物に注目し、それらが今日どこで生育しているか見る必要がある。農業環境が存在するようになって約1万2000年しかたっておらず、ひとつの植物種の寿命からいうとそう長いわけではない。多くの種はその間にまったく変化しなかっただろうし、変化したものも1万2000年前のものとよく似た特徴を数多く保持しているだろう。

ケシ属（*Papaver*）には約32種の植物が含まれ、分布の中心は南西アジアと東地中海地域にある。ヒナゲシにもっとも近縁の種はこの地域、とくに聖地パレスチナ、そして中東の隣接地域と南西アジアにかたまっている。ヒナゲシに近縁の種は7つもあるらしい。とくに東地中海地域に自生する3種は非常によく似ている。[7] セミティックポピー（*Papaver umbonatum*）、ハンブルポピー（*Papaver humile*）、カルメルポピー（*Papaver carmeli*）である。この3種はいずれもヒナゲシと雑種を作ることができ、外見が非常によく似ているため、大まかにいえば「ヒナゲシ」と呼ぶことができる。雑種には結実能力があり、これらの種が非常に近い関係にあることを示している。これまでに何人かが、ひとつの種のなかの遺伝的変異だという考えを書いている。

これらの種のうちでこの地域から広がった唯一のものがヒナゲシで、この地域のなかでさえ、農地に特有の種である。近縁の赤いポピーの3種は東地中海地域の攪乱された場所に発生し、ときに

セミティックポピー（*Papaver umbonatum*）、ヒナゲシと近縁。イスラエル、パレスチナ、レバノン、シリアに自生する。

はガリーグと呼ばれる開けた灌木地や海岸でも見られる。耕された土地に発生することもあるが、ヒナゲシほど農地との結びつきが強くない。興味深いことに、今日私たちが思っているようなヒナゲシは農業が始まってから現れた種の可能性がある。それが正しければ、この種が現在の形で存在するようになってから1万2000年たっておらず、もっとも近縁の2種の間の雑種として生まれたか、もしかしたら3種すべての間で複数回交雑した結果生まれたのかもしれない。[8]

近縁種の間の雑種は、複数の親植物からの遺伝子が組み合わさっていて、うまく生育できる場合は特別丈夫で生育旺盛なことがある。しかし、不稔（ふねん）の場合が多い。染色体が異なるため生殖細胞を作るのに必要な対合（たいごう）をすることができず、生殖細胞が形成されないのである。もっともわかりやすい例がラバで、よく知られているように丈夫で回復力があるが、たいてい子ができない。おそらく、ウマとロバは離れすぎていて精子と卵子を形成することができないのだろう。植物の場合、雑種はある程度不稔のことが多いが、完全に不稔なわけではない。花粉または胚珠（はいしゅ）を作ることができるなら、数世代たつと、結実能力のあるものが生き残って繁殖の問題が消えることがある。それがヒナゲシに起こったかどうかは不明だが、十分にありうることに思える。もしそうなら、そして雑種強勢があったとしたら、これほどヒナゲシが広まった理由のひとつになる。

よく記録されている同じような状況が、オックスフォードラグワート（*Senecio squalidus*）に見られる。この植物は、17世紀にシチリア島のエトナ山からオックスフォードへ持ち込まれた。シチリアのふたつの種の雑種であることがわかっており、イギリスで遺伝的に安定して、他と明確に区別されるものになり、鉄道、建設用地、そのほか放棄された場所に沿って国中に広がった。[9]

ヒナゲシが東地中海地域原産だとすると、ヨーロッパのほかの地域に広がるためにまったく異なる気象条件に適応できたのということだ。ヒナゲシの故郷と考えられる東地中海地域は、夏は暑く乾燥し、冬は冷涼で比較的湿潤だが雨はきまぐれな降り方をする。こうした気象条件は、冬の条件がいいときに急速に成長して大量の種子をつけるが成長が難しい夏の乾季の間は枯れる短命な植物にとくに適している。多くの植物が乾燥した夏を種子の形で乗り越え、夏には植物による被覆（ひふく）がないため土壌が不安定になることもある。私たちが種子を主食にしている作物の多く、とくに小麦や大麦は、そのように生育する。そうした植物が作物に適しているのは、ひとつには短命で資源の多くを種子につぎ込む植物だからである。おそらく、この地域で農業が始まったのは意外なことではないのだろう。

地中海地方にだけ生えている農地雑草はたくさんあるが、もっと北の気候に適応できて広がっていったのは一部の種だけである。ヨーロッパのさらに北と西では夏が生育期で冬が休眠期だが、農業が同じような攪乱された環境を作り出している。土壌が定期的に耕され、生育期の直前に露出した状態になるのだ。適応できたいくつもの種が、ヨーロッパ全土で鋤（すき）を追うように栄えていったと考えられる。ポピーをはじめとして、そうした植物の多くは種子が冬の数ヶ月だけでなく何年も休眠したままでいられる。このことも、季節や作物によっては生育に理想的な条件にはならないかもしれない農業環境では、きわめて重要な特性となる。

証拠からいって、ヒナゲシが東地中海地域で生まれたのはほとんど確実である。ヨーロッパのいくつかの地域、とくに東ヨーロッパ、そしてフランスやそのほかの国でも、強く感情をかき立て、

ナガミヒナゲシ（*Papaver dubium*）

幾世紀にもわたって画家や詩人の心をとらえてきた広大な赤い帯を今でも見ることができる。

◉イギリスのポピー

イギリスにはじつは赤いポピーが4種自生しており、いずれも耕作され攪乱された土地の一年草である。そしてどれも、ほとんど完全に農業と結びついている。ヒナゲシは、イングランド、ウェールズ、スコットランド低地地方の大部分でごく普通に見られる種である。畑全体を赤く染めることができるのはヒナゲシだけで、本書で私がたんに「ポピー」というときはこの種を指している。通常は鮮やかな緋色だが、この色には少し幅がある。同じ畑に、独特のオレンジがかった赤から濃い赤まで、さまざまな色があるのを見たことがある。

ほかの3種はそれほど馴染みのあるポピーではない。どれも互いによく似ているが、それぞれ色合いの異なる赤で、ほかにも区別できる特徴がいくつか

（左）プリックリーポピー（*Papaver argemone*）と（右）トゲミゲシ（*Papaver hybridum*）

ある。ナガミヒナゲシ（*Papaver dubium*）は、やはりかなりよく見られるポピーだ。花がもう少し小さく、もっと薄いピンクがかった色をしているが、ヒナゲシに似ているため、見逃されているのかもしれない。「ナガミ」というのは、ヒナゲシの丸い莢とは形が異なる細長い莢のことをいっている。道端、畑のふち、空き地にかなり普通に生えていて、スコットランドではヒナゲシよりさらに北や西に広がっている。プリックリーポピー（*Papaver argemone*）の花はヒナゲシよりずっと小さく色が薄い。イングランドの中部と南東部の広い範囲にどちらかというとまばらに生え、ほかの地域にも孤立した個体群が存在する。水はけのよい砂質、白亜質、あるいは石灰質土壌に見られる。トゲミゲシ（*Papaver hybridum*）は4つの種のうちでもっともまれで、イングランド南東部にある白亜質土壌の畑のふちに限られている。濃い緋色の小さな花をつける。トゲミゲシもプリックリーポピーも莢はトゲでおおわれており、もっと普通に見られるふたつの種の滑らかな蒴果とは異なる。

　ナガミヒナゲシ、プリックリーポピー、トゲミゲシは、ケシ属のなかでもヒナゲシとは異なる節［生物学的分類の階級のひとつ。属の下、種の上］に入れられており、非常に近縁な種とはいえないが、これらはみなヨーロッパのもっと南の地域で生まれた。もっともよく見られるナガミヒナゲシはオーストリアかスロバキアから、ほかのふたつはヒナゲシと同じく東地中海地域から来たらしい。[10]

ポピー類の間でも種によって染色体数に違いがある。植物の間で染色体数が違うのはよくあることだ。2倍体の植物（または動物）は、両親から1組ずつ受け取った2組の染色体をもち、標準的なものとみなされている。4組の染色体をもつ個体が自然に生じることがあり、生殖サイクルのどこかの時点で細胞分裂の失敗が起こって染色体の数が倍加したためである。これは植物ではごく普通に起こることで、その結果できる植物は4倍体と呼ばれる。ふたつの種が交雑して部分不稔の雑種ができたあと、染色体を4組もつものが現れることもある。最初の雑種は普通の2倍体だが、その後、染色体数が倍加すると、その植物が結実能力のある生殖細胞を作れることがあり、4倍体になる。それはほかの4倍体とだけ繁殖できると考えられ、親の種とは繁殖できないため、事実上、一世代で新しい種になる。ポピーの間でこれがどれくらいの頻度で起こったのかはわからない。ヒナゲシは2倍体で、東地中海地域の近縁種とトゲミゲシもそうで、染色体数は2n＝14である。ナガミヒナゲシは普通は4倍体で染色体を28本もっているが42本のこともあり、おそらく祖先の歴史のどこかで複数の交雑があった結果だろう。プリックリーポピーも42本である。

イギリスにはケシ科の植物がほかにふたつ自然に生えており、どちらも黄色い花を咲かせる。美しいウェルシュポピー（*Papaver*（*Meconopsis*）*cambricum*）は、ウェールズ、アイルランド、デヴォン（イングランド南西部）のじめじめした岩棚や高地の森林、そしておそらくほかの場所にも自生している。園芸植物としても人気があり、庭から生垣の盛り土や道端へ広がって、この国の大部分に

ウェルシュポピー（*Papaver*（*Meconopsis*）*cambricum*）。ポピーの特徴である下に向いたつぼみが見え、開きかけたつぼみでは花弁の先にがく片がついている。コンウィル・エルヴェットの庭園、カーマーゼンシャー（ウェールズ）。

ツノゲシ（*Glaucium flavum*）。ソープネス、サフォーク（イングランド）。

クサノオウ（*Chelidonium majus*）。茎の切り口から乳液が出ている。

定着している。ツノゲシ（*Glaucium flavum*）は、帯白色（白い粉でおおわれたような青緑色）の茎と葉をもつ人目を引く植物で、果実が非常に長く、名前の「ツノ」はそれからきている。砂利浜、ときには砂丘や海食崖［波などの侵食によってできた切り立った崖］にも生え、おもに南部と東部に分布するが、南スコットランドのような北部でも見られる。

　ケシ科の黄色い花を咲かせるもうひとつ種であるクサノオウ（*Chelidonium majus*）は花がずっと小さくてポピーのようには見えないが、ポピーの特徴をいくつももっている。とくに庭や道端の雑草としてヨーロッパに広く分布しているが、イギリスには人の手で持ち込まれたようだ。鮮やかなオレンジ色の汁液を出し、昔から鎮痛剤、いぼや皮膚疾患の治療薬として、外傷やそのほかの疾患の焼灼に使われてきた。おそらくその薬効が理由で薬草として、ほかのいくつもの史前帰化植物と同じようにローマ時代に導入されたのだろう。英名はグレーターセランダ

クサノオウ。チェコ共和国に帰化し雑草として生えている。

レッサーセランダイン

インといい、キンポウゲ科のよく知られているレッサーセランダイン（ヒメリュウキンカ）とは植物学的に直接関係ないので、意外な名前である。

セランダイン、そしてクサノオウのラテン名 *Chelidonium* は、ツバメを意味するギリシア語ケリドンに由来し、それはツバメがクサノオウの汁をヒナの目につけて視力を回復させると信じられていたことに由来する。[11] レッサーセランダイン（*Ficaria verna*）にはそのような民間伝承がないが、花が一年のうち早い時期に咲くため、ツバメとのつながりはおそらくどちらも春の前ぶれというところにあるのだろう。

ほかにもいくつもの種が庭でその姿を自慢し、いくつかは帰化していて普通は空き地や道端で見られ、ごく一般的なのがケシ（*Papaver somniferum*）、ハナビシソウ（*Eschscholzia californica*）、オニゲシ（*Papaver orientale*）である。

ヨーロッパ全体では、およそ19種のポピーが自生している。現在では、これらに加え世界のそのほかのポピー、そして類縁関係のあるカラクサケマンが、同じ科に入れられている。

第2章 ケシ科

ケシ科（Papaveraceae）は、私たちがポピーとみなしている種すべてと、クサノオウやブラッドルートのような明らかにポピーと類縁関係のあるいくつかの種を含む、200～250種からなる科と考えられてきた。かなり前から、この科はケマンソウ科（Fumariaceae）と共通の特徴を多数もっていることが知られていた。ケマンソウ科は、農地や生垣の雑草であるカラクサケマンのほか、よく知られている園芸植物のキケマンやケマンソウなど、およそ570種の草本で構成される。ここではこれらの植物を総称してケマンソウ類と呼ぶことにする。ケマンソウ類は見た目がポピーとはかなり異なり、たいていずっと小さな花が花序（かじょ）をなして咲く。こうした違いがあっても姉妹の科とみなされてきたが、あまり知られてないヒペコウム属（*Hypecoum*）の2種、「小さなポピー」の約15種、オサバグサ（*Pteridophyllum racemosum*）は、特徴からいってふたつの科の中間に位置する。現在では、DNAそのほかの分子生物学的な特徴が調べられて、このふたつの科が非常に近い関係にあることが十分に確認されている。[1] このため、最新の分類ではひとつの大きな科に合併されたが、

Hypecoum procumbens。ポピー類とケマンソウ類の中間的な特徴をもつ植物。

今でもケシ科と呼ばれている。そして以前のふたつの科は現在ではケシ亜科（Papaveroideae）とケマンソウ亜科（Fumarioideae）とされている。ケシ科は、全顕花植物の70パーセント近くを含む大きなグループである真正双子葉類に属す。この大きくなったケシ科は、真正双子葉類の系統でいうとキンポウゲに近い位置にある。

ポピー類の大多数が一年生または多年生の草本である。少数だが低木があり、ロムニア属（*Romneya*）にカリフォルニア産で大きな白い花が咲く木立ちポピーが2種、やはりカリフォルニア産のデンドロメコン属（*Dendromecon*）の黄色い花が咲く木立ちポピーが2種（場合によってはさらに分けられる）、メキシコ産で低木性のアザミゲシ属のポピー（*Argemone fruicosa*）、熱帯産であまり知られていないボッコニア属（*Bocconia*）の「木立ちセランダイン」が9種ある。[2] 大多数のポピー類の葉は切れ込みが

カラクサケマン。ポピーと類縁関係にある麦畑の雑草、ヨークシャー（イングランド）。

入っていくつにも裂けており、多くが少し帯白色（ケシの葉のような青みがかった色合い）をしている。少数だが切れ込みのない葉をもつものもある。

ケシ亜科の特徴のひとつが、茎と葉の切り口から乳液がにじみ出ることである。[3] たいてい白か無色だが、北アメリカ東部の植物でふさわしい名前をつけられたブラッドルート（*Sanguinaria canadensis*）の乳液は黄、オレンジ、さらには濃いオレンジがかった赤い色をしていることがある。大半の植物は二次代謝産物と総称されるもの——植物の構造や機能に直接関与しないもの——を含んでいる。多くが昆虫に対して穏やかかもしれないが毒性があったり消化を抑制したりするので、これらの物質は普通、植物の防御物質と考えられている。よく知られている例がチャノキに認められるタンニンである。一部のものはアルカロイドと呼ばれ、ポピー類とケマンソウ類の植物についてはさまざまなアルカロイド物質が報告されているが、ケシがもっとも高濃度に含んでいる。これらの物質の多くは少なくとも穏やかな毒性をもち、麻酔作用をもつものもある。ポピー類では、こうした物質が乳液に濃縮されている。ケシだけでなくポピー類の多くの種について、昔の薬草としての使用法や現代医学での使用法が知られている。

ケシ亜科のすべての花がちょっとめずらしい形態をしている。[4] よく知られているポピーをはじめとして大多数の種で、花の各部位が2を基本とする数になっている。花の一番外側にがく片が2枚あって発達中のつぼみを守っているが、ほとんどすべての種で、開花のときに落ちてしまう。がく片の内側に花弁が2枚ずつ2段輪生(りんせい)し、全部で4枚あるが、2枚がほかの2枚の内側にあるのがはっきりわかる。多数の雄しべが目立つ盛り上がりを形成し、多くの場合、花のほかの部分と異なる色をしている。その内側に子房(しぼう)があるが、子房の数は2か2の倍数で、大半のポピーで多数ある。これらはひとつに融合して、小さな種子が多数入った蒴果(さくか)を形成する。

新世界の白または黄色の花を咲かせるいくつかのポピーは、ケシ亜科のなかで特異なグループに属し、各部位が3を基本数とし、がく片が3枚、花弁が6枚(3枚×2段)ある。そうしたものには、アザミゲシ属(*Argemone*)のいくつかの種、ロムニア属(*Romneya*)の3種、小さな花を咲かせる北アメリカ西部のプラティステモン属(*Platystemon*)、プラティスティグマ属(*Platystigma*)、メコネラ属(*Meconella*)のいくつかの種がある。そしてブラッドルートには花弁が8枚(4枚×2段)あるが、がく片は2枚しかない。ヒペコウム属(*Hypecoum*)とオサバグサ属(*Pteridophyllum*)を除くすべての花がほぼ放射相称(ほうしゃそうしょう)、つまりどの花弁もよく似ていて花が複数の対称面をもつ。栽培品種、そしてどの種でもたまに野生個体が、別の数の花弁をもっていることがある。

ケマンソウ（*Dicentra spectabilis*）

花の色はほとんどどんな色もある。私たちがよく知っているポピーの特徴である鮮やかな緋色とそのほかの赤の色合いは、そのひとつにすぎない。ピンク、黄、オレンジ、紫、純白、そして大きなヒマラヤのポピーの美しい青がある。よく知られている園芸種の品種にもさまざまな色のものがある。多くの種で、蒴果（さくか）をつける茎はしなやかに曲がり、ヒナゲシで見られるように種子はおもに孔から振り出される。

ケマンソウ類はポピーと同じように花弁が4枚なのが特徴だが、4枚の花弁がみな同じような形をしているわけではない。多くの場合、外側の2枚が内側の2枚と異なり、場合によっては外側の2枚の花弁同士も形が異なっている。多くの種で花が外に向いていて左右相称、つまり垂直方向の対称面がひとつだけある。多くが筒状で唇形をしていて、ポピーの同じ形をした4枚の花弁とはまったく異なり、外見はむしろキンギョソウやオドリコソウの花に似ている。ケマンソウの場合は花が下向きにぶら下がっている。ケマンソウ類の大半の種は雄しべ

ポール・ド・ロングプレ、《ポピーとミツバチ》、1906年、水彩。花弁が通常の4枚ではなく6枚あるケシが描かれている。

が4本しかなく、多数の雄しべが盛り上がるポピー類とは異なる。

大半のポピーの花のように花弁が4枚の花はほかには少数の科にしか見られず、たとえばアブラナ科、アカバナ科、ヨーロッパのヤエムグラ（ただしこの大きな科――アカネ科――のうち熱帯のものは該当しない）、バラ科のいくつかの植物、そしてたまにそのほかの種に見られる。いずれもとくにポピーに近縁なわけではない。真正双子葉類の場合、花の各部位の数でもっとも一般的なのは、バラ、キンポウゲ、そのほか多くのもので見られるように5である。新世界の黄または白のいくつかのポピーの場合のように花弁が6枚あるのはさらにめずらしい。これらの植物はがく片が3枚で、花弁は4枚の花の場合と同じように2段に輪生するが、各段に3枚ずつある。花の各部が3を基本数とするのは、顕花植物のもうひとつの大きなグループである単子葉類（ランやほとんどの球根植物）の特徴だが、単子葉類の場合はいずれも3枚の花弁が1段だけ輪生している。多くのユリ、ラッパズイセン、そのほかいくつかの単子葉類では花弁とがく片がよく似ているため、花弁が6枚あるように見え、花弁が6枚で放射相称のポピーの花とよく似ていることがある。

ポピーの多くの種でたまに別の枚数の花弁をもつものが現れることがあり、ときにはほかは正常な株に発育異常のせいで花弁の数が5などの花がひとつだけつくことさえある。このような異常は栽培しているときのほうが頻繁に起こる。

●ポピー類の分布

ケシ亜科の植物は自然状態ではおもに北半球の温帯地域で見られ、北アメリカ西部から日本まで

アークティックポピー（*Papaver radicatum*）。ドワーフウィローと、ノルウェー。

ずっと分布している。いくつもの種がメキシコと中央アメリカの亜熱帯および熱帯地域に、少数が南アメリカのおもにアンデス山脈に生育している。ヒマラヤの青いケシをはじめとしていくつもの種が南アジアの亜熱帯に分布し、アフリカ南部に自生するポピーもひとつある。さまざまなポピーが原産地の外へ持ち出され、現在では世界の温帯と亜熱帯のほとんどの地域で見ることができる。ケマンソウ亜科もおもに北半球に分布するが、アフリカ南部まで広がっている。

このように繊細そうな植物にしてはちょっと意外だが、北極圏にポピーの種がふたつあり、高山の雪線（万年雪があるところとないところの境界線）近くにもいくつかある。このような極端な条件で生育期間が非常に短いところの植物は多くが花茎が短く、葉がクッション状になっているが、淡黄色のアークティックポピー（*Papaver radicatum*）は、ポピーにしては小さいものの、深く裂けた葉としなやかな花茎という典型的なポピーの姿をしている。北極地方のあちこちにごく普通に見られ、じつは世界でもとりわけ耐寒性の強い顕花植物で、北緯83度にあるグリーンランドのピアリーランド半島の標高970メートルの山に、ホッキョクミミナグサやムラサキクモマグサとともに生えている。[5]

◉観賞植物

ポピー類はよく目立ち、さまざまな色があって、多くが育てやすいため、何世紀も前から人気のある園芸植物だ。一年草、いくつかの多年草、そして低木の「木立ちポピー」があって、いずれも庭植え用として人気がある。イギリスなどでは、いくつもの種の園芸品種、とくにヒナゲシ、ケシ、オニゲシ、ハナビシソウの品種が、しばしば空き地などの攪乱地に侵入している。

テッド・ヒューズは「大きなポピー」という詩で庭のポピーをたたえている。それは「熱い目をしたマフィアの女王！　手入れされた庭のふちで／8月に向かって揺れる」と始まる。ヒューズのポピーはマルハナバチややってくるハエを引き寄せるが、すぐにしおれて花びらの「ロイヤル・カーペット」を広げる。

◉ヒナゲシとケシの種類

一年生植物は毎年種子から育てる必要があるが、人気のある一年草はたいていたくさん芽を出し、ガーデナーは出たばかりの苗を注意して育てるというより、ほしくないものを間引くことになるかもしれない。ヒナゲシは庭植えにとてもよい一年草である。大規模に育種が行われて、さまざまな

シャーレーポピー、ウィルクスによる育種で生まれたものの子孫、中心部が白い。オックスフォードシャー（イングランド）。

色の品種が作り出されてきた。中でもよく知られているのがシャーレーポピーだ。これはもっともよく販売されているポピーで、通例、袋入りの種子が売られている。赤、ピンク、白、複色とさまざまなものがあり、どれが咲くかわからないが、たいてい何種類も異なる色が混ぜて入れられているので、植えるのが楽しいかもしれない。

シャーレーポピーが生まれたのは、サリー村のシャーレー教区牧師で熱心な園芸家のウィリアム・ウィルクスのおかげである。1879年頃、彼は庭の荒れた片隅で、赤のまわりに白い縁取りのある花を咲かせたヒナゲシを1本見つけた。興味をそそられ、どうなるだろうと思ったウィルクスは、さらに調査し種子を集めた。およそ200本のポピーが育ち、そのうちの5本に白い縁取りのある花が咲いた。こうして選抜育種を始めた彼は、明らかにこの研究に夢中になった。[6] 最終的にどんな色や形のものが現れるか見たくなり、花弁

半八重のシャーレーポピーとハナアブ。オックスフォードシャー（イングランド）。

雄しべがすべて花弁になった八重咲きのポピー。おそらくシャーレーポピーから生まれた。

の中央に黒い斑点のあるものを作り出せるかどうか興味をもった。何世代も選抜したのち、純白のポピーと、白と赤の間のあらゆる色合い、量が気まぐれに変わる白い縁取りや斑紋あるいは小さな斑点があるもの、中心部がおもに白か黄色のものを作り出した。ウィルクスは王立園芸協会の最長在位の事務局長（１８８８～１９２０年）になり、１９１２年にはついに協会最高の栄誉であるヴィクトリア・メダルを授与された。彼の死から3年後の１９２６年にウィズレーに建設された協会の植物園にある錬鉄製の門はウィルクス・ゲートと呼ばれ、ポピーの紋章がついている。

　ウィルクスが育成したポピーのなかに、八重咲きのものがいくつか現れた。ウィルクスはこれらを「真の」シャーレーポピーとみなさなかった。真のシャーレーポピーは一重で基部が白く、雄しべの色が薄い。[7] 八重咲き（ダブル・フラワー）といっても、実際には何も2倍になっていない。普通は雄しべが1列以上花弁になる。1列か2列花弁になっただけの場合、その花は「半八重（セミダブル）」と呼ばれることがあり、この言葉を文字通りに取ればダブルの半分だから一重（シングル）になってしまう。完全な「八重」の花はもっとたくさんの雄しべが花弁になっている。バラとカーネーションが、もっともよく知られている八重咲きの花だ。多くの場合、八重咲きでも花に雄しべが少し残っていて、いくらか花粉を作ることができ、そのためある程度の雄性稔性を保持している。心皮は影響を受けないため、種子を作る能力は維持している。八重咲きの花が多数の不定数の花弁をもっていることもある。

　シャーレーは、現在はクロイドンの一部、つまり南ロンドンの郊外であり、この地名はおもにゴルフコースやスポーツ施設が広がる公園の名前として残っている。少なくとも１９８０年代までは、

ヨハンナ・ヘレーナ・グラフ、《3つの時期の花のあるポピー、幼虫と蛹と成虫のチョウと》。17世紀後半〜18世紀初め、水彩。八重咲きのケシが描かれている。

ときどき斑入りのポピーが現れた。ポピーの種子は長く生きるため、長い間埋められていたものが芽を出す可能性がつねにあるのだ。1935年頃にシャーレーが住宅地になったとき、一軒のパブが建てられ、ここのもっとも有名な花にちなんでザ・シャーレー・ポピーと名づけられた。残念ながらこのパブの看板にあった絵は中心部が黒い緋色のヒナゲシで、もちろん祖先ではあるが、ウィルクスのシャーレーポピーではなかった。悲しいことに、国中の多くのパブと同じようにこの店も廃業し、今ではマクドナルドになっている。2009年にウィルクスに敬意を表して、シャーレーの教会が境内にシャーレーポピーをいくつか植え、うれしいことに2010年にひとつがウィルクスの墓で芽を出して花を咲かせた。

ケシは花を楽しむために庭で育てられており、これにも人目を引くさまざまな色のものがある。もっとも人気があるのは、たいてい「ボタン咲き」として販売される八重咲きのもので、多くの場合、花弁が波打ち、変化に富んだ色がある。ヒナゲシと異なり、香りがかなり強い。種子を採集して料理に使うことができる。

●ハナビシソウ

ヒナゲシだけでなく、カリフォルニアポピーとも呼ばれるハナビシソウ（*Eschscholzia californica*）も、その色について最大の賛辞を受けてきたポピーである。ひときわ光沢のある黄色がかったオレンジ色で、小説家のジョン・スタインベックがこの花について、「燃え立つような色――オレンジでもない、金色でもない、もし純金というものが液体で、そのクリームがつくれるものならば、そうし

ハナビシソウ（*Eschscholzia californica*）

た純金のクリームが、あるいは、その芥子の花の色に近いかもしれぬ」[8]［『エデンの東』野崎孝訳／早川書房］と詩的な表現をしている。この植物については感傷的な文章がほとばしるように生まれたが、おそらく一番よい例は1902年5月2日のピッツバーグ・プレス紙に掲載されたものだろう。

> はるか海上で、キラキラ光る一面のまばゆい黄金色がカリフォルニアの初期の探検家たちの目をとらえて離さなかった……夢のような美しさ、土地をおおうようにそのやわらかなうねりを広げる混じりけのない愛らしさに魅了され、カリフォルニアポピーが世界でこれまで知られているもっとも豊かな金の鉱脈の上に咲いていることを、誰も疑っていない。魔法で人を喜ばせ、目をくらませ、うっ

とりさせる力をもつ妖婦キルケは人をそそのかし、安心させ、あざむくが、この眠りの花は、何か不思議な方法で土地から金の霊薬を吸い上げているらしく、金の花をかがり火のように広げて「私たちは豊かな金の鉱床の上に咲いている」と宣言するのだった。[9]

1848〜55年のカリフォルニアの「ゴールドラッシュ」は、この頃にはすでに伝説になっていたが、この花と実際の金の存在とを意図的に混同することにより、この記事は、カリフォルニアが「黄金の州」と呼ばれるのにはふたつの理由があるといっている。ポピーについて述べるときにはいつも、眠りをもたらす性質に言及しなければならないようで、この記事が書かれた当時のアメリカでもアヘンは広く使われよく知られていた（第7章）。大半のポピーと同様、ハナビシソウにもごくわずかだが催眠作用があり、これを踏まえてハナビシソウのさまざまなチンキ剤が販売されている。[10]人によっては睡眠薬として使える場合もあるが、たぶん幸いなことにその効力は非常に小さい。

ハナビシソウのほとんど発音できそうにない属名（*Eschscholzia*）は、1816年と1824年のロシアによる北アメリカ西海岸の探検に参加した外科医で博物学者のJ・F・フォン・エッシュショルツにちなんで命名された。「エッショルツィア」と発音するとよい。普通は鮮やかな黄色がかったオレンジ色だが、野生のものはこの色から白までかなりの変化があり、栽培されているものには赤のほかありとあらゆる中間色がある。原産地では多年生の場合もあるが、イギリスでは一年草として扱うのがよい。日当たりがよく水はけのよい良好な土壌であれば、通常、非常に育てやすい植物である。短命だが、適した場所ではたいていこぼれ種で盛んに増える。

この花はカリフォルニアの州花である。カリフォルニアでは、ヨーロッパ人が入植する前は、先住民が種子を食料にしていた。世界の地中海性気候の地域に持ち込まれ、多くの場所、たいてい裸地や空き地に帰化した。エモリー・スミスが1902年にこの植物について本を書いている。[11]

じつはハナビシソウ属（*Eschscholzia*）にはほかに約9種あり、すべて黄色かオレンジ色の花が咲き、たまに白いものもある。すべて北アメリカ西部原産だが、栽培されているのがよく見られるのはハナビシソウ（*E. californica*）だけである。[12] メキシカンチューリップポピー（*Hunnemannia fumariifolia*）はよく似ていて、かなり大きな花をつけるが、イギリスの庭に植えるにはちょっと寒さに弱い。原産地では多年生だが、一年草として播種すればひときわ目を引くことだろう。

●多年生のポピー

庭植え用としてとくに人気のあるポピーが、多年生の「オリエンタル」ポピーである。これは普通、*Papaver orientalis*（またはもっと正しい *P. orientale*）として売られているが、じつは野生のオニゲシ（*Papaver orientale*）ともっと大きなハカマオニゲシ（*P. bracteatum*）、そしておそらく3つ目の種 *P. pseudo-orientale*（これ自体、ほかのふたつの交雑から生まれたのかもしれない）の間の交雑に由来する園芸品種である。これらの種はすべてもともとはコーカサスとトルコ北東部に自生していた。さまざまなサイズや色のものがあり、八重咲きの園芸品種がいくつもあって、非常に多くの花弁をもつものもある。丈夫ですぐれた庭の縁取り植物になり、初夏に開花する。土壌が湿りすぎて

放棄された庭で咲いているオニゲシ。ゴーリング、オックスフォードシャー（イングランド）。

いなければ育てやすい植物である。

ロックガーデンでは、しばしば多年生のアルパインポピーとアイスランドポピーが育てられる。通例、それぞれ *Papaver alpinum*、*P. nudicaule* として売られているが、どちらの名前も確かではない。これらの植物がいくつものほかの種から生まれたことは明らかで、アルパインポピーは少なくとも5種（白い *P. burseri* のほか、黄色や赤みを帯びた種）に、アイスランドポピーは少なくとも4種に由来するらしい。[13] これらは庭で赤から黄色や白まで、さまざまな色の花を咲かせ、短命だが、たいていこぼれ種で増える。そして容易に交雑する。

イギリスに自生する多年生のポピーがひとつあり、この黄色い花を咲かせるウェルシュポピーはよく庭で育てられている。18世紀にリンネによって *Papaver cambricum* と命名されたが、１８１４年に新しい属のタイプ種（属の代表として指定される種）として *Meconopsis cambrica* と改名された。

ジャン＝ニコラ・ド・ラ・イールによるオニゲシ。パリで制作された4巻からなる植物画と版画のシリーズより。1720年頃。

ヒマラヤのポピー（*Meconopsis betonicifolia*）

すぐれた園芸植物で、育てやすく、庭から逃げ出してかなり広まり、国中の多くの場所に根をおろしている。

19世紀後半の探検家たちが採集したほかのいくつかの植物が、ウェルシュポピーと同じメコノプシス属（*Meconopsis*）に入れられた。ヒマラヤ山脈の素晴らしい青いポピーである。これらの植物の話は、最初、一般には信じられていなかった。青いポピーのことを聞いたことのある人などいなかったのだ。しかし種子がイギリスへ持ち帰られて花が咲くと、園芸植物として大きな関心を呼んだ。1850年代に最初にやってきたのがエレガントなメコノプシス・ワリッキー（*M. wallichii*）だが、これにまさるものが登場した。とくに、大きく濃い青色の2種、世紀の変わり目頃のメコノプシス・グランディス（*M. grandis*）と1920年代のメコノプシス・ベトニキフォリア（*M. betonicifolia*）である。広い庭でドリフト（うねる流れのような配置）に植えると、効果は

ヒマラヤの青いポピー（*Meconopsis aculeata*）。自生地のクル渓谷、西ヒマラヤ。

絶大である。それ以来、ほかにもメコノプシスが導入されてきた。[14] 種類を問わず最上級の園芸植物に数えられ、うまく育つところではどこでもかならず珍重され称賛されている。育てるのが難しいという評判があるが、これはおもにイギリスのなかでも人口密度が高く比較的暖かい乾燥した地域に住んでいる人たちがいったことである。原産地のヒマラヤでは、これらのポピーは寒い冬と湿潤な夏を経験する。条件が故郷とよく似たイギリス北部の酸性土壌の庭でとくによく育つのは、きっと意外なことではないのだろう。こうした場所では、夏に乾ききってしまわない深くて肥えた湿った土壌であれば、よく育つはずだ。

現在では、合わせると40種を超えるメコノプシス属の植物が報告されており、ほとんどが多年生だが、一回結実性のものもあり、ロゼットの状態で1年以上過ごしたのち1度開花してから枯れる。栽培されるようになった種がいくつもある。

メコノプシス属の命名についてはちょっと変わったいきさつがある。ケシ属では子房の上に柱頭盤があるのに対し、ウェルシュポピーは花柱（子房と柱頭の間の部分）が短くて柱頭盤がないことから、この属が作られた。ヒマラヤのブルーポピーはこの点でウェルシュポピーに似ているため、この属に入れられている。しかし、この属についての情報が増えるにつれ、ウェルシュポピーはアジアの種とはあまり似ていないことがしだいに明らかになってきた。まず、これだけが西ヨーロッパに分布しているのに対してほかはみなアジアに分布しており、完全に隔離されている。次に、種子と花粉のいくつかの特徴が、この属のアジアの種とは似ておらず、むしろケシ属のものと似ている。さらに、メコノプシス属で黄色い花を咲かせるものはほかに2種しかなく、その外見はやや

ピエール＝ジョゼフ・ビュショ、《ツノゲシ》。『中国とヨーロッパのもっとも美しくもっともめずらしい花の貴重で彩色されたコレクション』（1776年）より。

異なる。現在では、DNAの分析により、ウェルシュポピーはアジアで発見されたほかのメコノプシス属の種よりヒナゲシに近縁であることがわかっている。[15] ということは、最初の名前の *Papaver cambricum* で呼ぶべきである。ウェルシュポピーはこの属の最初の種で「タイプ種」だから、すぐにこの属の名前自体に疑問が投げかけられた。分類学者は規約にうるさいことで知られており、理屈では、メコノプシスという名前が無効になったのなら、ヒマラヤの種のための新しい属名が必要になる。幸い、この話はハッピーエンドを迎えた。2014年に、ほとんど使用されていない「保存名の規則」により常識が勝ったのである。この規則は、名前がよく知られていてあいまいでないためそのまま使えるときに適用され、分類学の厳しい規則より優先される。こうして我らがウェルシュポピーは *Papaver cambricum* になり、ヒマラヤの美しいポピーたちはメコノプシス属のままなのである。[16]

ツノゲシ（*Glaucium flavum*）とこの属のほかの1〜2種は、帯白色の葉と黄色い花をもち、目を引く縁取り植物になる。スペースと日当たりと水はけのよい土壌を必要とする。砂利浜の植物だから当然だが、やせた土壌でよく生育する。肥えた土壌ではたいてい一年草だが、砂利道や壁のへりに植えてやれば何年も生き、こぼれ種で増える。

この多様な科にはほかにもすぐれた園芸植物がいくつもある。カリフォルニアのロムニア属（*Romneya*）の木立ちポピー2種はとくに見事で、サテンのようにつややかな白い花が咲き、黄色い雄しべが大きく盛り上がる。7メートルの高さになることもあるが、通常は日当たりのよい南向きの壁の前か風の当たらない日の照る場所で、剪定して3メートルくらいに仕立てるとよい。原産地

木立ちポピー(*Romneya trichocalyx*)。ストーナー・パーク、オックスフォードシャー(イングランド)。

アザミゲシ(*Argemone mexicana*)。ユニバーシティ・パークス、オックスフォード。

が南部であるにもかかわらず、イギリスの寒さにもよく耐える。やはりカリフォルニアの植物である黄色の木立ちポピー（*Dendromecon rigida*）も、日当たりのよい壁の前に植えると効果的だが、ロムニア属の植物より寒さに弱く、イギリスのなかでもかなり暖かい地方でよく育つ。アザミゲシ（*Argemone mexicana*）も黄色い花を咲かせ、比較的大きなボーダー花壇に植えられる。

ほかにもケシ属に近縁のものがいくつもあり、すべてケシ亜科に属し、庭によく侵入してくる。もっとも広く分布しているのがクサノオウ（*Chelidonium majus*）で、短命な多年草で多くの庭ですぐにこぼれ種で増える。この科にしてはかなり控えめな黄色い花を咲かせるが、多くを要求せず、土壌がやせていても、日陰の場所を埋めつくしてくれる。ブラッドルート（*Sanguinaria canadensis*）はポピーにあまり似ていないが、すぐれた園芸植物になる。日陰に生える背丈の低い多年草で、目立つ白い花を咲かせ、たいてい八重咲きのものが広く植えられている。原産地の北アメリカ東部の森では大量に生えていることがあり、群生していると見栄えがする。最後に挙げるのがもっともポピーらしくないタケニグサ属（*Macleaya*）で、中国から日本にかけて自生し、森林の日陰の場所でよく育つ背の高い多年草が2種ある。成長すると2・5メートルにもなり、小さな花が円錐花序をなし、葉は帯白色で、大きな整形式庭園に広く植えられている。

この豪華な科には素晴らしい園芸植物になれる種がもっとあるのはほとんど確実で、少数の専門家の庭にさらに多くのものが植えられている。ほかのものがそれほど広く植えられていないおもな理由は、少数のよく知られた種だけでも変化に富んでいて、もうこれ以上必要ないからだろう。

ブラッドルート（*Sanguinaria canadensis*）。栽培されている八重咲きのもの。

タケニグサ（*Macleaya cordata*）、ストーナー・パークで見つかったもの。オックスフォードシャー（イングランド）、ただし自生地は中国と日本。

第3章　色

ポピーはたいていその色だけでポピーだとわかる。ポピーが1本あるだけでもそれがあるとはっきりわかり、畑全体がかならず注目を集める。ポピーの花は非常に繊細に見え、それはひとつには、つぼみのときに花を守っていた2枚のがく片が、開花のときに落ちるからである。花弁は大きいが薄く、しばしばしわくちゃに見え、ある程度透けていて、このため光によって色合いが違って見える。真昼の鮮やかな緋色が、夕陽が花弁を通して光ると輝くオレンジがかった赤に変わることもある。すぐにわかるのは、ヨーロッパの植物相にあまりない色だからで、とくにイギリスの植物相ではめずらしい色である。この色は、ポピーにまつわる民間伝承と象徴的意味がこれほど多く生まれることになったおもな要因のひとつである。

シルヴィア・プラスは、「小さなひなげしよ、小さな地獄の炎よ」で始まる詩「七月のひなげし」のなかでポピーの花の色に明らかに苛立っていて、それを見るとぐったりするとこぼしている。のちの「十月のひなげし」という詩ではもっと好意的で、「朝日に映える今朝の雲でさえ、こんなに

麦畑の端に生えた一重咲きのポピー。ヨークシャー（イングランド）。

赤いハナキンポウゲ（*Ranunculus asiaticus*）

赤いスカートははけない」〔「十月のひなげし」『シルヴィア・プラス詩集』所収／吉原幸子・皆見昭訳／思潮社〕と書いている。

イギリスには土着の植物がおよそ1500種あり、ほかの色がほとんどを占めている。非常に多くの緑がかった目立たない花、多くの黄、紫、青色の花、そしてとくに白い花が多いが、ポピーを除けば、純粋な緋色をしているのはアカバナルリハコベとフェザンツアイだけで、このふたつについてはあとでふれる。

ここまで見てきたようにポピーがずっと南で生まれたのはほぼ確実で、このため赤い色の意味を知るには、まずはそちらに目を向けるのがよいだろう。東地中海地域では、たとえばアネモネ（*Anemone coronaria*）、ハナキンポウゲ（*Ranunculus asiaticus*）〔園芸の世界ではラナンキュラスと呼ばれることが多い〕、フクジュソウ属（*Adonis*）の3種、チューリップ属（*Tulipa*）の数種など、ポピー以外にも同じような色の花を咲かせる植物がいくつか存在する。それでも植物相全体を見れば赤い花はめずらしく、2パーセントの種にすぎないが、普通に見られるものがいくつもある。[1] それらはみな中〜大型の椀状の赤い花を咲かせるので、植物相のなかでも非常に目立つ存在である。これらの花がよく似ていることから、じつは色と形の点で収束したのではないかと考えられている。このことから、3つの植物を区別する現代のイスラエルのおとぎ話が生まれた。それは物語としていくぶん不自然で、もしかしたらやってくる植物学者向けに書かれたのかもしれないが、イスラエルに生えているごく一般的な植物で、赤い花を咲かせるよく似た3つの種をうまく区別している。この話では、普通ならターバンバターカップ（ハナキンポウゲ）と呼ばれるものがスカーレットクロウフッ

歌川広重、《芥子に雀》、1830年頃、木版画。「芥子の花はとても繊細なので、鳥がそばを飛ぶと花が散るかもしれない」と書かれている。

トと呼ばれている。

『三姉妹』——イスラエルのおとぎ話[2]

昔々、ある国に、ハンサムな王子が暮らしていました。

放蕩三昧の羽目を外した独身生活を何年も過ごしたのち、王子は妻を迎えることにし、「出会いの夕べ」を開くので女性は誰でも自由に来てよいと告げてまわりました。

何百人もの女性が運試しをしようと思い、そのなかにアネモネ、スカーレットクロウフット（ラナンキュラス）、ポピーの三姉妹がいました。

定められた日に、姉妹は（招待されたほとんどの人と同じように）近くの商店街へ押しかけて、最新の服と一番目を引くアクセサリーを買いました。商店街は、押し合いへし合いして衣装を買う女性たちでいっぱいでした。何分もたたないうちに姉妹は互いを見失い、家に帰ってようやく会えました。それぞれ嵐のような買い物で手に入れたものをもっていましたが、みんな同じ赤いドレスでした。

これは困りました！　王子は3人をどうやって見分ければいいのでしょう。

涙にくれたのち、姉妹の顔に赤みが戻り、解決策が見つかりました。3人が自分の赤いドレスにそれぞれ違うアクセサリーをつければいいのです。

アネモネは、インドを旅行したときに買った白いスカーフをつけました。

流行を追うスカーレットクロウフットは、緑色の帯をして、キラキラ光るものでドレスを飾り、光沢のある口紅をつけました。

ポピーは首に黒いビーズのネックレスをしました。

こうしてますます美しくなった姉妹は、大広間に入るとたちまち王子の心をとらえました。3姉妹も王子の魅力のとりこになり、それぞれが王子を自分のものにしたいと思いました。

王子は3人と1日ずつ過ごし、3日たっても決めることができないと打ち明けました。

そしてまた解決策が見つかりました。毎年、1年に1度、ひとりずつ別々に一定期間を捧げるという条件で、王子が3人と結婚するのです。

恋に心を奪われている王子はすぐに同意し、混同や恥ずかしい思いをしなくてすむように、姉妹にそれぞれの特別なアクセサリーをつけ続けるようにたのんだだけでした。同じ理由で、彼も日誌をつけて、アネモネ、スカーレットクロウフット、ポピーと、アルファベット順にひとりずつ日にちを決めることにしました。それ以来、毎年、アネモネが最初に雄しべのまわりに白いスカーフをつけた花を咲かせ、明るく光る葉と帯のように花弁を取り巻く独特の緑色のがく片をもつスカーレットクロウフットが2番目に登場し、花弁に黒い輪のあるポピーで一巡したことになります。

さあ、これであなたもアネモネとポピーの区別ができるようになったでしょう。

私たちには花がとても美しく見えるかもしれないが、それはもちろん、種子をつけられるように授粉を可能にするという花の主要機能に付随する二次的なものである。花の授粉については、中東とエジプトの初期の文明でナツメヤシに授粉が必要だということが知られて以来、多くの研究がなされてきた。花と昆虫の協力という考え方は、とくにどちらかというと競争的な世界だから、とても興味深い。

これらの赤い花はみな大きくて目立つ。ということは、少なくともある程度は花粉媒介動物に依存しているにちがいない。ヨーロッパではそれは昆虫である。花を見せびらかし、報酬として花粉を差し出しているということは、明らかにその花が虫媒授粉に適応しているということだ。花粉を運ぶ方法は風などほかにもあるが、ちょっと見ただけでも風媒ということはなさそうだとわかる。風媒花は一般に小さくて目立たず、緑色や褐色がかったものが多い。そして、風でまき散らされる乾いた花粉を大量に作り、柱頭が羽毛のような形をしている。花粉症の人がよく知っているように、イギリスの多くの高木とすべてのイネ科の草がよい例である[3]。派手な花を咲かせるポピーはこのカテゴリーに入らないが、花粉を大量に作り、きっといくらかは風で飛散するだろう。それは個体群の密度が高いところでは柱頭にたどり着くかもしれない。さらに、ウシやシカのような大型の動物がそばを通って毛皮でポピーをこすれば、簡単に花粉をほかの植物へ運んで授粉することができる。ポピーでも密集した個体群では、大型動物と風も花粉媒介者として重要になるかもしれない。だが、昆虫はそのどちらよりもずっと重要にちがいない。ポピーの花に授粉しているのがおもに昆虫なのは明らかだ。

東地中海地域では、こうした赤くて椀型の花はみなさまざまな昆虫を引きつけるが、コガネムシ

De sancto sebastiano anti.
O quam mira refulsit gratia sebastia
nus martir inclitus: qui militis portans
insignia: sed de fratrum palma sollicit⁹
confortavit corda tirmentia verbo sibi
collato celitus. Vers. Ora pro nobis beate
sebastiane. R. Ut mereamur pestem
epidimie illesi pertransire et promissio
nem christi obtinere. Oratio.
Deus qui beatum sebastia
num martyrem tuum in
tua fide et dilectione tam ardenter so
lidasti: ut nullis carnalibus blandi
mentis: nullis tyrannorum minis
nullisque carnificum gladiis sive sa
gittis aut tormentis a tua cultura
potuit revocari: da nobis miserie
peccatoribus dignis eius meritis et
intercessionibus: in tribulatione au
xilium: in persecutione solatium: et
in omni tempore contra pestem epi
dimie remedium: quatinus possim⁹

ポピー、ジョン・ジェラードの『本草書または植物の話 *Herball, or Generall Historie of Plantes*』（1597年）より

科のヒゲブトハナムグリ属（*Amphicoma*）の訪花専門の甲虫数種が、もっとも数が多く重要な花粉媒介者になっているようだ。いくつかの単独性のハナバチも有効な花粉媒介者であることが報告されている。普通、私たちは甲虫を重要な訪花昆虫だと思わないし、それどころかあまり花粉を運ばずに花を傷つけたり食べたり、さらには花の中で繁殖したりする甲虫もいる。世界のほとんどの地域でハナバチ、チョウ、ガ、ハエが非常に重要な花粉媒介昆虫であるのに対し、東地中海地域など比較的温暖な地方では、それほどではないが甲虫もかなり重要である。

昆虫の眼は人間の眼とは形態がまったく異なり、多数の小さな単眼からなる複眼である。個々の単眼は光の明暗を感知し、その組み合わせから昆虫は像を形成する。色を区別できるのは一部の昆虫だけで、できるものでも識別できる色はグループごとに異なる。甲虫は色の識別ができ、赤色をかなりよく認識できるという点で昆虫のなかでもめずらしい存在である。[4] このことは甲虫に花粉を運んでもらう赤い花に特別な強みを与える可能性が高い。それは、赤色は甲虫を引き寄せるが、ちゃんと花粉を媒介せずにその植物の資源を使ってしまうかもしれないほかの昆虫は引き寄せないからである。これが赤色の花弁が進化した理由といえるかもしれない。理由が何であれ、これら異なる植物種が花の色と椀型の形という点で収束したように見える。

昆虫が生産性の高い花を見つけると、それを再び見つけるための「検索画像」を設定する。これは昆虫にとって、探すのにエネルギーを節約できるというメリットがある。一年のうちで異なる時期に開花する場合でも、春の開花期を分け合って順番に咲いていく外見のよく似た花については、検索画像は維持される。植物の花粉は同じ種の別の個体へ運ばれ、間違った種へ行く花粉はそれほど多くない。イスラエルのおとぎ話にあるように、ポピーはこのグループで最後の、夏の干ばつが始まる前の5月に開花する。

訪花甲虫は地中海地方ではよく見られるが、もっと北ではずっとまれである。ヨーロッパでポピーが北へ広がったとき、花粉を媒介していた甲虫をあとに残していったらしく、ハナバチに依存するようになった。

これに関連して、ヒナゲシの色には人間の眼には見えない興味深いことがある。ヒナゲシの花弁には複数の色素が含まれている。花の色素は多数知られており、その多くは非常によく似た化学構造をしているが、それでも化学的な違いにより紫や青から赤、オレンジ、黄まで異なる色を反射する。北ヨーロッパではヒナゲシは、光のスペクトルのうちふたつのまったく別の部分を反射する特別な組み合わせの色素をもっている。私たちが見ている赤は、人間の眼が感じやすいもっとも長い波長の光が反射されたものだ。ポピーは可視光線のスペクトルのうち残りの部分を吸収するので、私たちには花が赤く見えるのである。しかし、北ヨーロッパのポピーは、近紫外線部分——人間が感知できないほど短い波長の、紫のすぐ隣のスペクトル部分——の光も反射する。紫外線を反射し可視スペクトルのうち紫と青の部分を反射しないのは、植物の花弁としては非常にめずらしいことだが、北ヨーロッパのポピーはそれをしているのである。[5]

色の話にはもうひとつ意外なことがある。驚いたことに、この余分の色素は北ヨーロッパのポピーにだけあり、東地中海地域のもともと自生していた地域のポピーにはないのである。ポピーが農業とともに北ヨーロッパに広がったと仮定すれば、それはせいぜい1万年前頃に起こった変化だということになる。ただし、ギリシアなどヨーロッパ南東部には、紫外線を反射するものと反射しないものと中間的なものが混在するポピーの個体群が存在する、過渡的な地域がある。[6]

知られているかぎりでは、東地中海地域のヒナゲシの近縁種はどれも紫外線を反射しないし、イギリスのヒナゲシ以外の3つの赤いポピーも反射しない。つまりこれはヒナゲシに特有のことのようだが、ヒナゲシはすべてのポピーのなかでもっともよく研究されており、さらに研究が進めばほかにも見つかるかもしれない。

北ヨーロッパでは授粉について非常によく研究されてきた。19世紀には、イギリスのチャールズ・ダーウィンとジョン・ラボック（エイヴベリー男爵）が多くの貢献をするなど、関心が急に高まった。この研究に関してとりまとめた最大のものが、ドイツのパウル・クヌースによる1906〜09年の大著『花の授粉ハンドブック *Handbook of Flower Pollination*』で、とくに同胞のドイツ人ヘルマン・ミューラーの研究によるところが大きいが、ラボックの見解も記載されている。[7] クヌースはドイツの多くの植物にやってくる訪花昆虫について詳述しており、その大半はイギリスにも生息している。クヌースの本には、北ヨーロッパでポピーを訪れるハナバチが少なくとも12種記載されている。ミツバチ、マルハナバチ2種、いくつかの単独性のハナバチのほか、ハナアブ3種をはじめとするいくつものハエ類、甲虫3種が記載され、いずれも花粉を集める。さらに、たまにバッタやハサミムシも花の上で休むと書かれている。ハナバチがもっとも数が多く重要な花粉媒介者である。マクノートンとハーパーがこのリストに追加をしているが、単独性のハナバチがもっとも重要な訪花昆虫であるとしている。[8]

北ヨーロッパ産のポピーにある紫外線を反射する追加の色素は、どの昆虫がもっとも重要な花粉媒介者かということを考えると、意味をもち始める。ハナバチは、人間には見えない近紫外線に対して感受性があるが、甲虫と違って赤の色をはっきり識別することができない。その結果はというと、人間は紫外線の反射を見ることができないのでポピーが鮮やかな緋色に見え、ハナバチにはおそらく赤い色合いを帯びた紫外色とでもいうものに見えるのだろう。花ではなく色紙を使った、一般にハナバチが好む色に関する詳細な実験について、クヌースが報告している。当時は多くの花が紫外線を反射したり吸収したりすることなど知られていなかったため、実験は人間の眼に見える範囲のスペクトルについてのみ行われた。「したがって、ミツバチが好む色は好きな順に次のようになる。濃い青、すみれ、青、赤、白、薄い黄、緑、ぎらぎらする赤、ぎらぎらする黄」。ポピーは、好まれない色である「ぎらぎらする赤」のカテゴリーに入る。クヌースはポピーが赤だけでなく紫外線も反射することを知らなかったから、授粉をハナバチに頼っている植物にしてはポピーはたいそう意外な色をしていると思ったにちがいない。今ではこのリストに、ミツバチが非常に好んで訪れる色のひとつとして近紫外を加えることができるとわかっており、ポピーの反射パターンに納得がいく。

つねにというわけではないが、ヒナゲシとそのほかのポピーには花の中心部が黒いものが多い。花弁の基部にあたり、紫外線も含め光を吸収する。このような暗い中心部は、訪れる昆虫に、どこに報酬があるかを教えるよくある目印だ。これは多くの植物種に存在するが、紫外線部分だけを吸収しているときは、人間には違いがわからない。訪れるハナバチにとっては、私たちが思っている以上に多くの花の中心部が暗いのである。

イギリスの植物相でとくに数が多い白い花は、人間に見えるすべての波長の光を反射しているが、それに近紫外領域の波長は含まれていないことに注意すべきだ。ハナバチの眼でイギリスにある白い花を咲かせる植物を見たら、種によって色に違いがあるだろう。近紫外領域やその一部を吸収する花もあり、そうしたものはハナバチには色のついた花に見えるはずだ。そのほかの、紫外線もほかの波長の光も反射する花は、ハナバチにも人間にも「白」に見える。

ヒナゲシは農地の雑草としてはめずらしく自家受精ができず、このため花粉を運んでくれる者が必要だ。ハナバチを引き寄せる新しい色素の登場は、花粉を運んでくれていた甲虫の分布域外でのヒナゲシの拡大を大いに促進し、そのおかげでヒナゲシはヨーロッパでもっともよく見られるポピーになったと考えられる。

北ヨーロッパのヒナゲシ以外の赤いポピーの種はすべて自家受精ができるが、昆虫を引き寄せることもある。ヒナゲシがまれにナガミヒナゲシと交雑して不稔の雑種をつくることが知られている。

●そのほかの赤い花

北ヨーロッパではポピーのような赤い色の花はめずらしいが、唯一のものというわけではない。イギリスの植物相には、真っ赤な花を咲かせる植物がほかにふたつある。どちらもポピーと同じように攪乱地に生える短命な一年草だが、どちらもポピーより小さく、ポピーと類縁関係にはない。

ひとつはサクラソウ科（Primulaceae）のアカバナルリハコベ（*Anagallis arvensis*）で、寒いときや

アカバナルリハコベ（*Anagallis arvensis*）。ノルマンディー（フランス）。

薄暗いときに花を閉じる習性があることから「貧乏人の晴雨計」と呼ばれることもある。とくに白亜質土壌でよく見られ、農地やときには庭に生える。現在ではほとんど世界中の攪乱地に分布しているが、ヨーロッパ原産である。イギリスではおそらく、ポピーと同じように史前帰化植物だろう。[9] 花は普通、薄い緋色で中心が紫だが、青やピンクの花を咲かせる変異個体が点々と発生する。印象的な色をしているが、かなり小さくて目立たない（『紅はこべ』はフランス革命を題材にした1903年の戯曲とその後のバロネス・オルツィの小説のタイトルとしてよく知られており、反体制的な貴族パーシー・ブレイクニー卿はスカーレット・ピンパーネル――アカバナルリハコベの英名――と呼ばれ、彼が残すカードにこの花が描かれている）。

もうひとつの赤い植物はキンポウゲ科フクジュソウ属のフェザンツアイ（*Adonis annua*）で、麦畑の雑草だが非常にめずらしく、やはり作物の栽培とと

フェザンツアイ（*Adonis annua*）。バッキンガムシャー（イングランド）。

もに持ち込まれた史前帰化植物である。[10] その英名は、花がむき出しの赤い皮膚に囲まれたクジャクの眼にとてもよく似ていることからつけられた。じつはイギリスでは20世紀に非常に多くの麦畑の雑草が減少し、この植物は完全に消滅したのかもしれないが、現在では再導入されていくつかの場所で維持されている。

そのほかのイギリスの花で名前に赤（レッド）がついているものや赤いと描写されることのあるものは、さまざまな色合いをしていて、レッドキャンピオン（ナデシコ科の植物）、レッドクローバー（アカツメ

レッドヘレボリン（*Cephalanthera rubra*）。セベンヌ（フランス）。

クサ）、レッドバルトシア（ハマウツボ科の植物）、レッドデッドネトル（ヒメオドリコソウ）、そしてめずらしいレッドヘレボリン（カキランの一種）のようにたいてい紫がかったピンクだ。スイバやギシギシも緑がかったかなり目立たない花に暗赤色の部分があるかもしれないが、これらはたいてい風媒花である。イギリスに帰化した赤い花の植物がいくつかある。1788年に南アメリカから初めて持ち込まれたフクシアは、現在では西海岸の近くまで広がっている。深い赤色の花を咲かせる2種のシャクヤクは、地中海沿岸の中部と西部から来た。どちらもまれに帰化しているものが見られ、一方はブリストル海峡のスティープ・ホルムにかなり前から定着しており、もう一方はたまたま庭から捨てたときなどに見られる。マルティーズクロスと呼ばれるロシア原産の赤花のセンノウは、かなり前からブリストルに定着している。

◉赤いことの利点

ポピー、フェザンツアイ、アカバナルリハコベはみな地中海地方で普通に見られ、おそらくこの地域で赤い色になってから北へ広がっていったのだろう。もしそうなら、いずれももともとの自生地ではおもに甲虫によって受粉されていたと考えられる。北ヨーロッパではフェザンツアイやアカバナルリハコベにやってくる昆虫はまれで、たまにミツバチや数種のハエがやってきて花粉を集めるのが報告されているだけだ。[11] 北ヨーロッパではどちらの植物もおもに自家受粉している。そして、どちらも紫外線を反射する色素をもっていない。北ヨーロッパのヒナゲシにある追加の紫外線色素については、ヒナゲシが原産地の東地中海地域から農業とともに北へ広がったあとで生じたと考えなければならない。

ポピーの色の重要性について書かれたものがもうひとつある。追跡調査がなされていないし、大きな重要性はありそうにないが、この考えは19世紀のもので、クヌースにより1906年のハンドブックに記載されている。

ヘルマン・ミューラーは、ヒナゲシの燃えるような赤い色合いは昆虫を誘うのに役立つだけでなく、相手を脅かすか自分の身を守るための色でもあり、それにより草食動物がこの花の有毒な汁液のことに気づいて避けるようになると考えた。この想定の証拠としてミューラーは、カンペン（リップシュタットの近くの囲いのある草地で、夏の間ずっと牛が通る）でほかの花はほとんどみな食べられてしまうのにヒナゲシの花は被害を受けずにいることに言及している。

いずれにしても多くの草食動物は有毒な植物をうまく見分けているし――たとえば毒性の強いサワギクを避ける――、動物たちは花が現れる前にポピーを避ける必要があるだろう。このため、私たちが赤を危険の色とみなし哺乳類はとくに赤に敏感だという事実があっても、ミューラーの考えは疑わしい。

世界には赤い花が咲く植物がたくさんある地域がいくつかあり、とくに熱帯と南半球の温帯地域、そしてある程度は北アメリカもそうである。そうした植物のなかにはイギリスの庭でも生育するものがいくつかあるが、フクシアのように広がることのできるものは少ない。理由は明らかだろう。

赤い花は花粉を媒介する鳥にとっては魅力があるが、北ヨーロッパとアジアのおもな花粉媒介者――ハナバチ、チョウ、ガ、ハエ――にとっては魅力がないのだ。ヨーロッパと北アジアでは、どの鳥もスペシャリストの花粉媒介者［特定の植物種だけを訪れて花粉媒介をする動物］ではない。ただし、よく花を訪れ、花粉を運ぶかもしれない鳥もいる。よい例がアオガラで、頻繁にヤナギの尾状花を訪れて花粉を集め、頭の羽毛に花粉をつけて運ぶ[12]。

世界の、赤い花が多数あるような地域には、南北アメリカのハチドリ科、アフリカと南アジアのタイヨウチョウ科、オーストラリアのミツスイ科といった大きな科のほか、世界のさまざまな地域のもっと小さな科など、スペシャリストの鳥の花粉媒介者がいる。鳥の眼は人間の眼と同じように赤に対して敏感だが、近紫外線に対してもある程度の感受性をもっている。赤い花は、鳥がスペシャリストの花粉媒介者であるところで現れたのかもしれない。少なくとも、多くの昆虫が赤をはっきり見分けることができず、すでに述べたように赤はミツバチにとってあまり好みの色ではないからだ。鳥は多くの赤い花を咲かせる植物のもっとも有効な花粉媒介者であり、もし昆虫が先に花粉や蜜を取ってしまったら、その花は鳥にとってあまり魅力的ではなくなるかもしれない。これらの植物にとって赤がよい色なのは、昆虫にとってあまり魅力がないからなのだ[13]。とはいうものの、私自身の庭で、南アメリカ原産のフクシアとオーストラリア原産のグレビレア・ロスマリニフォリア（*Grevillea rosmarinifolia*）の赤い花を多くのハナバチが訪れているのを見たことがある。両方とも原産地ではおもに鳥によって授粉されているのだが。どちらも大量の蜜を出し、そんな色でも明らかにハナバチは見つけることができるのだ。

第4章　ポピーの生活環

ポピーは、ひとつの花に雄の機能をもつ部分と雌の機能をもつ部分の両方を備えた両性花をつける。花を咲かせるすべての植物のおよそ80パーセントが両性花をつけ、そのほかは単性花をつけるが、多くの高木のように雌花と雌花を同一の株につけるものもあれば、セイヨウヒイラギやイラクサのように別々の株につけるもの、さらには雄花、雌花、両性花をある組み合わせでつけるものもある。直接繁殖にかかわる部分（雄しべと雌しべ）のまわりに花弁が4枚あって、2枚ずつ2段に輪生し、つぼみのときには2枚のがく片でおおわれている。ただし、たまに花弁の数がもっと多い花もある。2枚の緑色のがく片は、つぼみのときに花を守っている。花茎が伸びるにつれ、たいていのポピーのつぼみは花茎の上でうつむいたようになる。花が開くときに花茎はまっすぐになる。この段階で、多くの花と同じように花弁が広がるにつれてがく片も開くが、しばしば基部が離れ、広がる花弁の先にしばらくついたままになっていることがよくある。いずれにしても花が完全に開くと落ちてしまう。

開花するヒナゲシの花。先端が割れるがく片（上）と基部が離れるがく片（下）。

ポピーの花弁は非常に薄くて絹のような質感があり、ヒナゲシの花弁をはじめとして多くがいくぶん透き通っている。特徴のひとつ、そしてしばしば文学作品で言及されている特徴が、花弁が広がるときのしわくちゃなようすだ。大多数の植物に比べてポピーでこれが目立つのは、つぼみに対して花が大きいことと花弁自体の質感に理由がある。広がりつつある花弁の先にがく片が残っていると、広がるときにしわになった状態が続きやすくなる。ジョン・ラスキンは、他に類を見ない1888年の著書『プロセルピーナ *Proserpina*』（第5章で詳述する）で、ポピーの花について情景が目に浮かぶような表現をしている。「閉じ込めていた2枚の緑の葉［がく片］が地面に振るい落とされる。苦悩に満ちた花冠［花弁］が日差しのなかでしわを伸ばし、できるだけくつろぐ。しかし、最後まで目に見えるほどしわになり傷ついたままだ」

花にはそれぞれ多数の雄しべがあって大量の花粉を生産し、ヒナゲシやそのほかの赤いポピーでは、花粉は暗褐色からほとんど黒に見える暗い青紫までさまざまな色をしている。ヒナゲシでは通例、花の雌性部分である心皮が10個程度あってそれぞれに柱頭があるが、その数は5個から16個までさまざまである。ナガミヒナゲシでは普通、7個か8個である。オニゲシなどほかのポピーではもっとたくさんある。その下の子房はひとつに融合しており、最終的にはポピーの果実である蒴果（さくか）を形成する。心皮のなかにはそれぞれ多数の胚珠がある。ポピーには花蜜はなく、昆虫への報酬は花粉である。訪れる昆虫にとって花粉は重要なたんぱく源となり、昆虫たちはポピーの花を訪れて大量の花粉を集める。[1]

ポピーの香りについては、完全には意見が一致していない。大半の人はじつは香りはまったくな

黒っぽい色の雄しべが見える開いた花

いということで合意しているが、ジョン・クレアは1827年の詩集『羊飼いの暦』〔『新選ジョン・クレア詩集』所収（抄訳）／森松健介訳／音羽書房鶴見書店／2014年〕の「五月」に「緋色のヒナゲシは／不快なにおいのせいで『ヘッドエイクス』と呼ばれ……」と書いている。クヌースはある箇所で香りはないと述べているが、「不快なポピーの香り」がすると書いている箇所もある。もしかしたらときおり痕跡程度の臭気があって、おそらく暖かい日に、植物全般にあるかすかな薬っぽいにおいを放つのかもしれない。「ヘッドエイク」（頭痛）、場合によっては「ヘッドウォーク」、そして「イアーエイク」（耳痛）という古い地方名があり、昔、ポピーのにおいをかぐとそうした痛みが起こると信じられていたことに由来し、きっとクレアはそれを書いただけなのだろう。これはその後も長く信じられ、文化的資料でもっともよく知られているのは、『オズの魔法使い』でドロシーと飼い犬のトトがポピーの花畑で眠りに落ちる場面だろう〔『オズの魔法使い』に「その強い香りをかいだ人は、たちまちねむくなってしまう」とある〕。

ヒナゲシは普通、自家受精ができない。花が開いたばかりのときにすでに花粉が落ちていることが多く、花弁や柱頭についているのが見えることもある。昔の本にはポピーが自家受精でき、そうしていると書かれていた。ポピーには自家不和合性という仕組みがあり、自分の花粉は柱頭か花柱で認識されて、下へ伸びて受精して種子を作ることができない。それはつまり、1株では受精できず、個体群の大多数を占める自分以外の株によって受精するということである。麦畑の雑草はたいてい自家受精ができる。それは、生活環(せいかつかん)のスピードが最重要事項の場合に大きな利点となる。麦畑の雑草は再び耕される前に生活環を完了しなければならない。つまり、若いときに開花するものが有利で、まだかなり小さい成長初期の段階に開花することも多い。このような自家受精をする雑草はほとんどすべて小さな花を咲かせる。少量の花粉しか必要なく、種子をつけるために外的な手助けが必要ないため、開花と結実のすべての段階を急速に進めることができる。また、このように早い段階に開花すれば、ポピーに見られるような自家不和合性の仕組みをとるより有利である。

　他家受精の利点はおもにふたつある。まず、子孫の多様性が急速に高まり、その植物が変化する条件にうまく適応したり病気に対する抵抗性を進化させたりできるようになるかもしれない。次に、「近交弱勢（きんこうじゃくせい）」、つまり両親が各形質について遺伝型が同じであるために弱くなるのを避けることができる。他家受精した植物は自家受精したものよりまさっている可能性が大きいが、農地ではほかの多くの環境に比べて植物間の競争はあまり重要ではないだろう。利用できる養分が豊富にあり、裸地もたくさんあるからだ。こうした状況では、成長と繁殖の速さが植物にとってもっとも重要な強みになりそうだ。

　このような条件下で、ポピーが自家不和合性で、大きくて目立つ花を咲かせ、種子をつけるには花粉をほかの株へばらまく必要があるというのは興味深い。成長速度と成功する授粉を、他家受精と組み合わせているように見える。ほかに自家不和合性の麦畑の雑草でよく見られるものは、ノハラガラシ（*Sinapis arvensis*）だけである。麦畑の短命な一年生雑草のなかでこのふたつの雑草が現在もっともよく見られ、もっとも大きいのは、偶然のことではないのかもしれない。絶えず他家受精をすることで多様性が増し、もっぱら自家受精をしているものよりもよく適応できるのかもしれない。

自家不和合性はさまざまな植物について研究されており、ヒナゲシも含め大多数のもので、識別にはひとつの非常に変わりやすい遺伝子がかかわっているらしい。受精が成功するには、この遺伝子の型が同じでない別の株から花粉が来る必要がある。[2] そのため、普通、その植物と近縁のものとも不和合性がある。ヒナゲシのこの遺伝子の型（対立遺伝子）の数は調査によってさまざまだが、ある3つの異なる個体群に関する調査では合計45の異なる対立遺伝子があることが判明し、そのうち15が3個体群すべてに共通していた。これらの対立遺伝子の多くはこの種全体に広く分布しているため、種全体で70より少ないかもしれない。[3]

ポピーの自家不和合性の仕組みはちょっと変わっている。柱頭で自分の花粉が発芽すると、通例、5分以内に化学的プロセスが誘発されて「プログラム細胞死」が起こり、花粉管の成長が止まったのち、花粉が死ぬのである。[4] ほかの大半の自家不和合性の植物では、花粉管がブロックされるか成長スピードが落ちるだけで、プログラム細胞死は起こらない。ポピーの自家不和合性の仕組みには明らかに「漏れ」があって少数の個体は自家受精ができるが、他家受精が標準である。ナガミヒナゲシとそのほかのイギリスのポピーは自家受精ができる。[5]

ケシ科のすべての植物の果実は蒴果で、たいてい多数の種子を含んでいる。熟すと、各子房の先端に小さな孔が開く。孔の上に1本ずつすじがあり、柱頭に由来するので、すじの数は子房の数と同じである。ヒナゲシの場合、花が受精したら種子が大量にできて、孔を通って蒴果からまき散らされる。種子は非常に小さく、1個の重さが約0・1ミリグラムで、1個の蒴果に平均で1300個以上の種子ができる。そういうわけで、本当に大きな株だと1度の生育期で30万個もの種子を作

ナガミヒナゲシの熟した蒴果。各子房の先端に見える孔から種子が放出される。

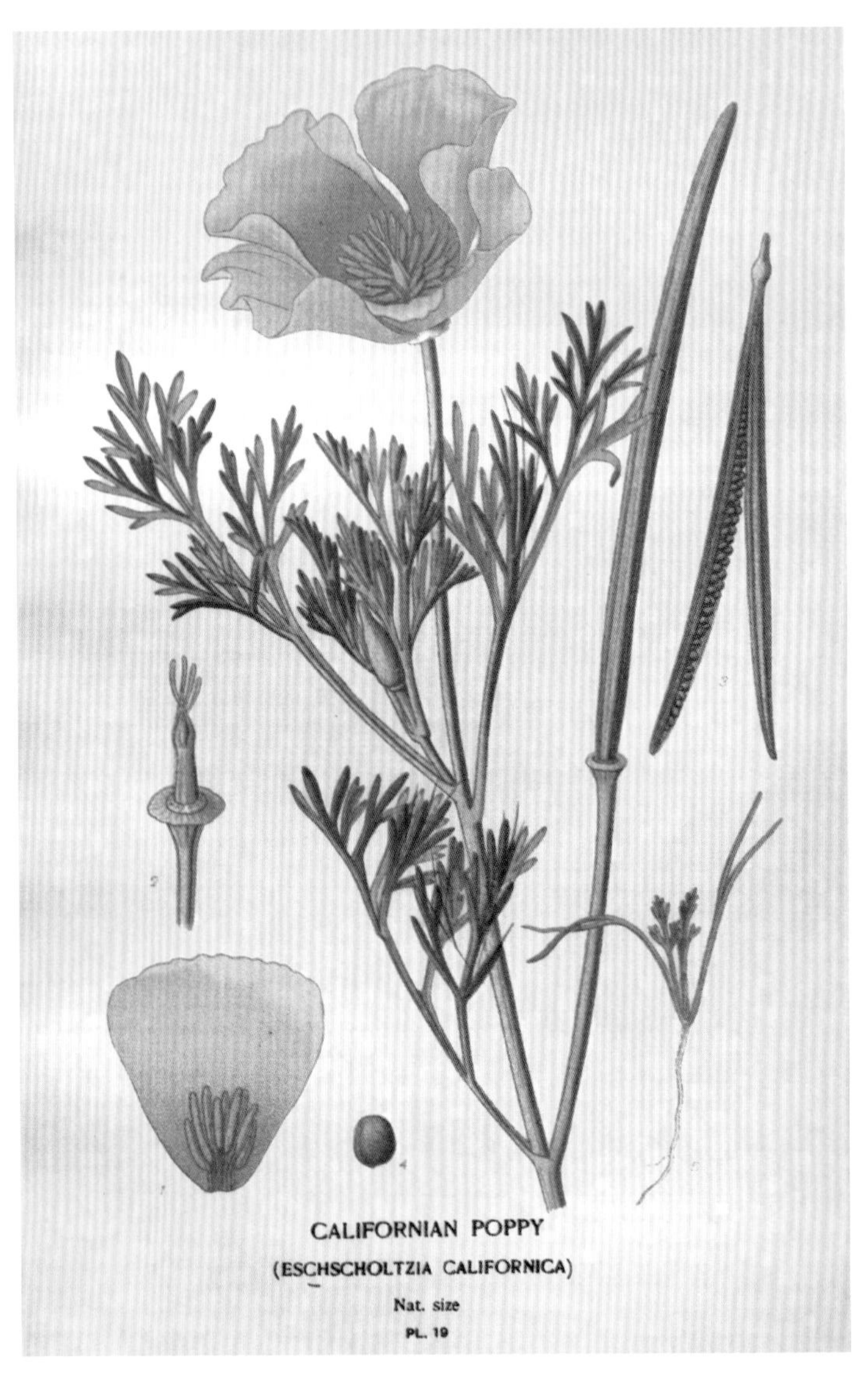

《ハナビシソウ》。基部から裂けた莢（さや）が示されている。

ることができる。十分に成長したものなら、3万〜5万個が普通である。[6]茎は細くしなやかで、いつも風に吹かれて揺れているので種子が効果的にまかれ、よく食卓のコショウ入れからコショウをまき散らすのにたとえられる。ケシの種子はヒナゲシの種子よりわずかに大きく、油分に富む。これも大量に作られ、パンやそのほかの食品に使われる青みがかった薬味でお馴染みだ。この植物は麻薬成分で有名だが、種子には感知できるほどの量は含まれていない。

ケシ属とメコノプシス属のそのほかの種も先端近くに孔か隙間のある同じような蒴果を生じるが、ケシ科のほかの属では果実にかなりの相違があり、属を区別する重要な特徴になっている。ツノゲシの細長い蒴果は先から裂け、ハナビシソウは基部から裂ける。そしてほかのいくつかのポピーは破裂するように裂けて、ハリエニシダと同じようなやり方で種子を飛ばす。[7]

種子が軽いということはある程度は風で運ばれるということだが、大半はすぐに落ち、破裂して散布しないヒナゲシなどでは、おそらくすべてまず親植物から2メートル以内に落ちる。すぐに散布するほかの手段はもっていないが、ある特性のおかげでずっと離れたところへ偶然散布されることになるかもしれない。特性というのは、種子が潜在的に長生きだということだ。放出されたばかりのときには完全には成熟しておらず、発芽するには土壌に埋められる必要がある。十分に成熟したら数十年生きることができる。種子が長命なことについてはさまざまな報告があり、数字に幅があるが年間の死亡率は9〜40パーセントである。「半減期」（半分が死ぬまでの期間）はおよそ10年と報告されているが、50年、ことによると80年生存できる場合もある。[8]土壌中に保存されている種子は膨大な数になることがあり、条件のよい畑には1ヘクタール当たり推定2000万個もポピーの種子がある。つまり、何年もたって生存している種子の割合が非常に少なくても、条件が好適なら畑がポピーでおおわれる可能性がまだあるということである。また、動物の足について、あるいは種子がまかれてからずっとあとの強風や洪水による偶然の移動で、実質的に長距離散布が行われるかもしれない。

ほかの農地雑草と同じように、発芽するには光が必要である。[9] さらに、成長してからも昼間は約15℃、夜間は4℃以上の温度を必要とする。耕すと埋まっていた雑草の種子を光の当たるところに出してしまうことがよくあり、かなり短い間光にさらされただけで発芽が可能になる。雑草の発芽を避けるためにおもに暗いときに耕す農家もいる。

イギリスと北ヨーロッパでは、ポピーは普通、2〜4月に芽を出して、6月の中頃に花が咲き始め、6月の終わりから7月初めにかけて開花盛期になる。その後、開花はしだいに下火になるが、10月まで散発的に続くこともある。年によっては、夏の終わりに2度目のもっと小規模な発芽があって、その苗が越冬して翌年の夏に開花することがある。通常は開花から4週間たたないうちに種子ができる。分布域の南部では生育期が比較的早く、夏の干ばつが始まる前の5月に開花する。

発芽時期がその植物が成功するかどうかにかなりの違いをもたらすことがある。ナガミヒナゲシ（*Papaver dubium*）では、年によっては休眠していない種子から秋に芽が出て冬の死亡率が高くなるが、生き残れば、春に発芽したものの10倍も種子を作る。ほかのポピーも同様だろう。

第5章　農業のシンボルとしてのポピー

私たちにポピーほどはっきりとイギリスの農地のことを思い出させる植物はない。しかし、それは本当は私たちの親や祖父母の農地、まだポピーが頻繁に風景を彩っていた、1960年頃より前の世代の農地だ。このことは、この50年かそこらでイギリスの田舎の環境に何が起こったかを教えてくれる。ポピーは今でもまだあちこちでよく見られるが、現在では畑の端や保全のために意図的に耕さずにおかれた土地、あるいは道端、建設用地などの土壌が攪乱された区域の植物になっている。畑をおおっているのを見るのはたまにしかなく、そのときはたいてい、一時的かもしれないが農業をしなくなった畑である。

人間はたえず、作物の収量を増やし、雑草や害虫がしかけてくる競争を減らす方法を見つけようとしてきた。農業の集約化は新しいことではない。イギリスでは、おもに1760～1820年に土地囲い込みの諸法令が議会を通過したのが、重要な転換点だった。このとき麦畑の雑草のいくつかが急激に減少したにちがいないが、多くはそれより前に農業のやり方が徐々に改良されるにつれてゆっくりと減少していた。それにもかかわらず、多くの雑草、なかでもとくにポピーはよく見られる雑草であり続けた。

もうひとつの大きな変化は第二次世界大戦後に起こった。おもに1960年代にヨーロッパの大部分に広がった、機械と化学物質を使う大規模農業の出現である。生垣が壊され、畑が広く――多くの場合、ずっと広く――なり、殺虫剤と除草剤がかつてないほど畑にまかれた。これらの殺虫剤のいくつかはのちに野生生物に害を及ぼすという理由で禁止され、もっともよく知られているのがDDTのような有機塩素剤である。近年では大半の農薬の使用量に注意が向けられるようになったが、それはおもにコストを考えてのことである。野生生物に対して農薬はみなよく効きすぎた。イギリスの畑の大部分は、作物だけがあって雑草はまったくない本当の単一栽培になってしまった。

麦畑の雑草はみなずっと少なくなった。イギリスから完全に消えてしまったものもある。たとえばスワインズ・サッカリー、ソローワックス、そしておそらくムギセンノウとフェザンツアイもだが、これらは再び持ち込まれた。[1] 広大な面積の農地から多くの昆虫が消え、チョウの大半、ハタホオジロやキジバトなど多数の鳥がいなくなった。[2] これらの種の多くは見かけることが事件になった。農地の端っこやへりのあたりにまだいるが、おもに野生生物のために意図的に残されている場所だ。全国いたるところで農地は野生生物にとって砂漠になってしまい、作物の生産にはよくても、生物多様性は大きく低下した。田園地帯の核心部分がなくなってしまった。それは本当に私たちから奪われたのであり、何世紀もの間私たちみんなにとって「共通の基盤」だったものが、そうであることをやめてしまった。[3] それとともに自然界についての関心や知識が失われた。農地の無味乾燥な環

スワインズ・サッカリー、イギリスからは消えた麦畑の雑草。セルベンヌ（フランス）で発見されたもの。

ケンブリッジシャー（イングランド）のムギセンノウ。古くからある麦畑の雑草だが現在は保護区域に限られており、そこに再導入されて維持されている。

境で散歩を楽しむ人はもういない。土壌さえなくなってしまった。何世紀もの間蓄積され有機肥料で補われてきた土壌の栄養分は、化学肥料に取って代わられた。

２０１４年９月５日の『ファーマーズ・ウィークリー』を見ると、集約的農業が大成功しているにもかかわらず、農家はまだポピーについて心配していることがわかる。ある見出しに「除草剤抵抗性のポピーが栽培者にとって悩みの種だ」とあり、また「スズメノテッポウの大発生」が起こると警告している。彼らは、もっとも広く使われているスルホニル尿素系の除草剤に対してポピーがしだいに抵抗性になっているのを心配しているのだ。[4]

イギリスの麦畑の雑草のなかには砂丘のような攪乱された場所にもともと生えていたと考えられている植物もいくつかあるが、多くのものは２～３千年前に農業とともにイギリスと北ヨーロッパへ広がってきたのだろう。そして、どれも農業により大幅に

コーンバターカップ（イトキツネノボタン）、デビルズクローとも。現在は麦畑の雑草としては稀少。セルベンヌ（フランス）。

増えたにちがいない。起源がどうであれ、私たちは何千年もの間、そうした雑草とともに暮らしてきたのであり、これらの植物は受け継がれてきた文化の一部である。そして私たちにとってもっとも馴染みのある植物であり、この国を構成する重要な要素になり、かつては多くの人々の日常生活で重要な役割を果たしていた。これは、すでに言及したもののほかコーンマリーゴールド（アラゲシュンギク）、ヴィーナスズ・ルッキンググラス（オオミゾカクシ）、シェファーズ・ニードル（セリ科の植物）、デビルズ・クロー（コーンバターカップとも、イトキツネノボタン）など多くのものにつけられた示唆に富む名前に表れている。たとえ農家がこれらの雑草を畑から根絶するのに時間と労力を費やしたのだとしても、その美しさが彼らの目にとまらなかったわけではない。こうした雑草がいなくなったことは、自分が利用するために環境を操作する潜在的に大きすぎる力を私たちがもっていることを知らせる警告である。私たちは、何かを失いそうになって初めてそれへの愛情に気づくことが多い。麦畑の雑草の保護は生えている場所が場所だけにとくに面倒な問題だが、指定された場所だけでも保護しなければならない。自然保護区や、保全対象になってい畑の境界部分は、完全には「本物の」環境ではないかもしれないが、これらの雑草をすべて失うよりはましにちがいない。[5]

変化が起きており、化学物質の多用に対するちょっとした国民的反応があった。それはまず、田舎の美しさと多様性の低下について心配する人々から起こった。レイチェル・カーソンは1962年の『沈黙の春』[青樹簗一訳／新潮社／1987年]という示唆に富むタイトルの著書で農薬の危険性について世界に警告し、それがきっかけで多くの国でDDTなどの農薬が禁止されることになった。[6] さらに農薬に関する問題がしだいに明るみに出て、たとえばネオニコチノイド系殺虫剤と総称される浸透性殺虫剤は、ハナバチの個体群とそのほかの昆虫の個体群が大きく減少したことの原因として、この2～3年、批判されている。

防除対象の昆虫やそのほかの生物を脅かすだけでなく、今では多くの農薬が人間に対しても危険かもしれないと考えられている。ごく最近では、巨大バイオ化学メーカーのモンサント社が「ラウンドアップ」という商品名で販売し、広く使われているグリホサート除草剤が厳しく非難されている。これには遺伝子組み換え技術が深く関与しており、この除草剤に耐性をもつように遺伝的に改変されたトウモロコシ、アブラナ、そのほかの作物の「ラウンドアップレディー」と呼ばれる品種が作られた。「ラウンドアップレディー」小麦に関しても研究や試験が行われてきたが、2015

年の時点では市販されていない。遺伝子組み換え作物の種子もモンサントが販売しており、これらの植物が親と同じ種子を作れないので農家は自家採種せずに毎年新しい種子を買う必要があるということを知ったら、すべてがちょっと怪しく思えてくるだろう。モンサントは遺伝子組み換え作物と除草剤を一緒に販売して二重に利益を得ているのだ。グリホサートに発癌性あるいは腫瘍を生じる性質があるという証拠が増えており、土壌中では土壌の粒子と結合して不活化されているかもしれないが、1年以上環境中に残留する可能性がある。[7]

かなり前から農場で野生生物を増やす計画が実施されている。1960年代に農業及び野生生物アドバイザリーグループが設立され、今でも環境にやさしい手法について助言している。1987年に始まった環境保全地域事業や、その後継プログラムで現在はナチュラル・イングランドによって運営されている環境スチュワードシップ事業など、今では政府の政策がいくつもある。土壌協会は「有機」農業を効果的に推進し、ヨーロッパの多くの地域の主要スーパーマーケットすべてに有機食品が置かれるまでになった。近年、このように力が入れられてきたため農地に限定的ではあるが変化が起こり、麦畑の雑草や動物の減少傾向が局地的に逆転しているところもあるが、依然として非常に局地的で点々としかない。

この60年ほどの農薬の猛攻でポピーはまれにしか見られなくなったが、種子の寿命が長く、春に遅く発芽し、速く成長して種子をつけるという特徴を兼ね備えているため、雑草のなかでも比較的回復力のある植物だということを自ら証明してきた。私たちの環境に対する態度が非常にゆっくりと局地的にではあるが変化したことが、いくつかの場所で農地雑草の運命に小さな方向転換をもたらし、ポピーもその恩恵を被っている。しかし、以前のようにポピーが豊富にある状態に戻ることはなさそうだ。ポピーにおおわれた畑はめずらしい景色であり続けるだろう。1970年頃よりあとに生まれた多くの人々は、そんな畑を見たことがないかもしれない。大半が端っこにしかないにしても、ポピーは周縁植物として生き残ってきた。もしずっとそうだったとしたら、このように人々の心をとらえたかどうか疑わしい。麦畑を象徴する色にも、今のような強力なシンボル、とくに戦没者追悼のシンボルにも、ならなかったのではないだろうか。

◉ポピーへの初期の言及

古代文明において人々は土地を耕し、ヒナゲシは早い時期から麦畑の雑草になったが、最初から人々の頭のなかではヒナゲシとケシが混同されていたようだ。ヒナゲシは急速に農業と豊穣を、ケシは睡眠、幻覚、そしておそらく死を象徴するようになったが、どちらのことをいっているのかかならずしもはっきりしているわけではない。普通、花が描写されていればヒナゲシである可能性が高く、種子の莢（さや）が描写されていればケシのことをいっている可能性が高い。しかし両者は混同され、しばしばまとめて考えられていて、非常に多くの文脈で、どちらについて論じているのか判断がつかないことが多い。

どちらのポピーも、おそらく東地中海地域と南西アジアに起源をもち、シュメール人の支配下で最初に農業が始まった場所であるメソポタミアでは、人々にとってヒナゲシもケシも見慣れたものだっただろうし、ほかにもいくつかそんな植物があっただろう。シュメール人に関する文字で書か

ポピーの蒴果をもつ精霊。サルゴン2世の宮殿の浮彫りより。アッシリア（現在のイラク)、紀元前700年頃。

れた記録はどちらかというと断片的にしかないが、彼らの収穫の女神ニマサ（ニマダ）がポピーの蒴果らしいものをもった姿でスケッチに登場し、それはおそらくヒナゲシだろう。この植物が収穫のシンボルだからだ。紀元前2000年頃から紀元前600年にかけてこの地域ではアッシリア人が優勢になり、その頃になると書かれた記録がもっとたくさんある。紀元前700年頃のアッシリアの浅浮彫りもいくつか発見されており、そのひとつにポピーの実がなった穂をもつ宗教的指導者が描かれている。この場合は確実にケシである。[8]

古代ギリシア人とローマ人は、ヒナゲシとケシの両方の性質についてよく知っていて、どちらも神話に取り入れた。ロバート・グレイヴズは著書の『ギリシア神話』〔高杉一郎訳／紀伊國屋書店／1962～73年〕のなかで、緋色のポピーは復活のシンボルで、第一次世界大戦との関連でポピーが象徴したものとよく似ているという考えを述べているが、その証拠はほとんど書かれていない。[9]

古代ギリシア、そしてその後のローマにおいてポピーがもっとも強く結びつけられたのは、ギリシア語でデメテル、ラテン語でケレスと呼ばれる豊穣の女神であり、英語のシリアル（穀物）はケレスに由来する。彼女は人間に穀物、おもに小麦と大麦を栽培し、収穫し、脱穀し、粉やパンを作る技術を教えた。また、土地の境界線を引いてその区画を占有する方法も示した。女神は、愛する娘ペルセポネ（プロセルピーヌ）をハデス（プルート）に冥界に連れ去られて泣く。ペルセポネが冥界に閉じ込められている間、季節は止まり、一年の3分の2の間、彼女を母親のもとに返すことにハデスを同意させるには、ゼウスの使者ヘルメスが間に入る必要がある。あとの数ヶ月、彼女が冥界にいる間は、土地はずっと実りをもたらさない。この不毛の期間が地中海地方の夏の干ばつで

右手にポピーの蒴果をもつローマのケレス像

デメテルの膝にあるポピー。ローマのアラ・パキス。

ある。秋にペルセポネが地上に戻ると、作物の種子をまく時期になる。ローマ人がペルセポネの名前をよく似たプロセルピーヌまたはプロセルピーナに変えたのは、ラテン語のプロセルペーレが「出現する」という意味だからだろう。19世紀にジョン・ラスキンは、ポピーをとくに重視して取り上げた、植物に関する著書に『プロセルピーナ』という名前を使った。

デメテル（ケレス）の主要なシンボルマークは小麦のようだが、ポピーもしばしばこの女神と結びつけられ、手に小麦とポピーの束をもった姿でデメテルが描かれていることもある。[10] ローマ時代にはケレスは頭にポピーの花冠をつけた姿で描かれ、同じような花冠が女神像にのせられた。ローマ帝国のさまざまな地域にポピーが描かれたコインがあり、たいてい豊穣と農業のシンボルとして小麦の束とともに描かれている。あるローマ神話によると、プロセルピーヌは花を摘んでいるときに連れ去られたため、人々はケレスへの供え物に決して花を使わなかったが、ユピテルがケレスにポピーを与えたのだという。しばしば見られるように、ポピーはふたつの働きをするようだ。ケレスとともに蒴果が描かれることがあり、これはすなわちプロセルピーヌを失ったケレスの悲しみを慰めるアヘンだが、麦畑の花、そして土壌の肥沃さを象徴するものとして描かれることもある。

ポピーにまつわるもうひとつのギリシア神話が、愛するアドニスを失って泣いたアフロディテの涙からポピーが生まれたというものだ。ポピーの文化史にはよくあることだが、それがケシだったのかヒナゲシだったのかは、はっきりしない。

◉民間伝承でポピーが象徴するもの

ポピーに関する民間伝承はたくさんあり、ほとんどすべてが収穫と関係がある。[11] ポピーでいっぱいの畑は、この植物の古代ギリシア神話を反映して、畑の活力のもと、肥沃さの証明とみなされた。イギリスの多くの地域でポピーを摘むのは不吉なこととされ、子供たちはとくに作物が育っているときには決してしないようにいわれた。そんなことをすると雷雨が起きるからで、このため「サンダー」がついたさまざまな名前がある。雷雨をもたらすかもしれないものは明らかに避けるべきものである。夏の数ヶ月はよく起こる現象だが、ひどい嵐は作物を倒すかもしれないからだ。民間伝承でよくあるように、雷雨との関係は逆の場合もある。家の軒下に置かれたポピーなどの雑草は稲妻から守ってくれるが、摘んでいるときに花びらが落ちれば災難が起こるといわれた。その家に雷が落ちるだろうとほのめかしているのだ。伝承や習わしでは、夏至はつねに特別な日だった。この1年の転換点には多くの儀式が行われ、いくつかが今日まで、おもに現代のドルイド教復活運動グループにより続けられている。あらかじめ引き抜いておいた農地雑草、とくにポピーが、儀式のために積まれたまきの上で燃やされた。それは復活を象徴し、豊作を保証した。

ポピーのにおいをかぐと頭痛がするといわれるが、これにも逆の伝承がある。かつてポピーは頭痛を治すとも思われていたのである（もしかすると、この種の民間伝承が、現代のホメオパシー療法のもとなのかもしれない）。ヒナゲシには穏やかな鎮静と鎮痛の作用があるという昔の話にはいくらかの真実があるが、ケシの作用の強さとは比べものにならない。

ほかにもいくつか関連付けがなされてきた。ポピーをあまり長く見つめると目が見えなくなるといわれ、だから「ブラインド」がつく名前がある。ポピーの花弁は、若い乙女がむしって手のひらに置いて占いをする花びらのひとつだった。もう一方の手でたたいたときに大きな音がしたら、恋人が自分を裏切っていないのだという。血との結びつきは明らかで、「ソルジャー」という古い名前が伝わっていることから、この結びつきが第一次世界大戦よりずっと前のものだとわかる。ウォートフラワーというコーンウオール地方の古い名前は、ポピーの乳液が、類縁関係のあるクサノオウの乳液と同じようにいぼ（ウォート）の治療に使われたことを示している。

雑草は一般に、最近まで、農地がもともともっている避けることのできない特質だと思われていた。中世には、生物界のあらゆるものに神から私たちへの戒めがあった。ポピーをはじめとする雑草は土地への呪いであり、収穫量をかなり減らす可能性があったが、それは私たちの罪の結果として自分たちが堕落していることを思い出させるためにそこにあるのだった。

何世紀もの間、詩人やそのほかの作家、画家たちがポピーでおおわれた畑の光景が理由でポピー

エリュー・ヴェッダー、《イトスギとポピー》。1880〜90年頃、キャンバスに油彩。

を称賛してきたが、その一方で作物に対するポピーの影響を嘆きもした。1850年頃より前は、大半の人がポピーに対して否定的だった。ジョージ・クラッブ（1754〜1832年）は今日では『町 *The Borough*』の作者としてもっともよく知られており、この詩集がもとになってベンジャミン・ブリテンのオペラ『ピーター・グライムズ』のストーリーが生まれた。クラッブは当時、田舎の生活ととくに農場の労働者が耐えた苦難の描写で高く評価された。長詩「村 The Village」では、収穫高に及ぼす雑草の影響を嘆いている。

はびこった雑草、あらゆる技術と苦労を無にし、
土地を支配し、ライムギを枯らして奪う。
アザミが刺だらけの腕を遠く伸ばし、
ぼろを着た赤子に戦争が迫る。
ポピーがうなずき、苦労の末の希望を嘲る。

彼は同じような調子で続けて、ビューグロス（ムラサキ科の植物）、マロウ（ゼニアオイ）、ノハラガラシ、カラスノエンドウに

ジョン・ラスキン、「野ばらの習作」。1871年、スケッチ。

ついて書いている。また、「恋人の旅」のなかで「ダーク・ポピー」に言及している。クラッブは明らかにポピーを有害なものとみなしているが、これらの雑草が彼にとって重大な問題であり、読者もこれらの植物を知っているだろうと思っていることも明らかだ。お気づきだろうが、ポピーが戦争を象徴するようになる1世紀前に、彼が戦争と結びつけていた可能性がある。クラッブはアヘンの常用者でもあった。

偉大なロマン派の自然主義の詩人ジョン・クレアは、いつも自然界の美しさをたたえ、おそらく、農地雑草はたんなる有害物ではないという事実を詩の形にした最初の人だろう。彼は1827年の『羊飼いの暦』の、ポピーの香りについての引用部分（第3章）の直前に、5月に「草刈り人」が現れ、「日の照るなかで破壊する／花咲く野の雑草を」と書いている。19世紀の後半にロマン主義が人々の心をしっかりとらえたのは、工業の醜悪さが急速に広がったことが大きな理由であり、ブレイクの有名な「暗い悪魔のような工場」があちこちに現れた。ロマン主義の最高の唱道者ジョン・ラスキン（1819～1900年）は、ポピーについて非常に変わった描写をしている。熱心な自然主義者であると同時に美術評論家で審美家でもある彼の植物画のいくつかは、美しいと同時に植物学的に正確である。1888年に一種の植物学の教科書を意図した『プロセルピーナ――路傍の花の研究 *Proserpina: Studies of Wayside Flowers*』を書いたが、それは今日、私たちが教科書と思うようなものではなかった。[12] このタイトルはプロセルピーヌのローマ神話から取られている。彼は植物を、おもに私たちの啓発のためのものと考えていて、もちろん科学的に興味深いが、感覚を楽しませ神の存在を証明する美しいものであるということのほうが重要だった。この点でポピーほど重要な植物はなかった。

ラスキンはポピーについて論じるなかで、とくに鉄道がやってきたことでゆっくりとした田舎の生活が失われたことを嘆いている。生活のペースが徐々に速くなり、人々はもう自然の美しさを味わうことができなくなったというのだ。それは今日の自然主義者が述べることとまったく同じで、生活のペースがさらに速くなり、自然の美しさの点でも厳しさの点でも、私たちはますます自然から切り離されている。じつは、とくにアメリカの動物学者エドワード・オズボーン・ウィルソンが提唱する「バイオフィリア」（人々が生まれつきもっている自然への愛）は、ラスキンの考えを表現するために使われる現代の用語である。[13] バイオフィリアは人間性の本質的な部分と考えられており、自然と接することができなければ、私たちは心理的に苦しくなり、深刻な場合も多く、暴力や犯罪につながり、精神科医や療法士の手に負えなくなる。

ポピーの花が開くときのラスキンによる生き生きとした描写についてはすでにふれた。同じような調子で、「それは、野に咲くあらゆる花のなかでもっとも透明で繊細で……いつも燃え盛り、ルビー色の吹きガラスのように風を温める」と続けている。ラスキンは、ポピーを何より完璧な花だと考えていた。

D・H・ロレンス（1885～1930年）は、多くの点でラスキンの生まれながらの後継者である。彼は人間と植物の関係をもっとも重要なものと考えた。ポピーが戦争のシンボルとして見慣れたものになる直前に書かれた1915年の著書『トマス・ハーディ研究』で、彼は花こそが「真の〈ぼく〉になるための「到達すべき極点であり、頂点であり、努力の目やすである」と述べている。[14] ラスキンと同じように、ロレンスはとくにポピーを高く評価した。

> 普通の野生の罌粟（けし）は、これまで完全で、疑問の余地がない罌粟（けし）として自己を成就したのである。それは赤い花を開き示した。その光、その自己は、立ち上がり、輝き、一瞬間風にのった。まばゆいほどの眺めではないか。世界は罌粟（けし）の赤い花があるからこそ世界なのである。赤い花がなければ土くれにすぎない。［『トマス・ハーディ研究』倉持三郎訳／『D・H・ロレンス紀行・評論選集3』所収／南雲堂］

『トマス・ハーディ研究』のすぐあとに書かれた『王冠』という、連作の最後の評論では、ポピーは神だとさえいっている。[15]

多くの詩人がポピーをたたえ、この農地雑草に対する私たちの相反する気持ちをもっともよく表しているのが、ジェームズ・スティーヴンス（1882〜1950年）の詩「ポピー畑にて」（1912年）である。

マッド・パッツィーがぼくにいった
毎朝、見えるんだ
天使が空を歩いているのが。
朝の晴れた空を渡って
遠くに、近くに、何つかみも
ポピーの種を麦の間に投げるんだ。
彼はいった　それから天使は走る
日なたのポピーを見に。

ポピーは悪魔の雑草だと
ぼくがいったら、彼は反対してこういった。
悪魔はそんなことはしない
すっと伸びた美しい花を
小麦やライ麦の間や草地に、
庭や丘やあらゆるところに

まいたりしない。
悪魔が支配するのは花ではなくて
お金だけだ。

それから彼は日なたで伸びをして
ふざけて仰向けでごろごろした。
脚を蹴って、歓声をあげた
太陽が輝いていたから。
彼はいった　ぼくは小さな子供で
道化のためには働かない。
そしてハチを追って走り、笑い、
うっとりと踊った。

近頃は、私たちはほとんどみな、きっと農家さえ、この詩の語り手よりもむしろ「マッド・パッツィー」に共感するのではないだろうか。

ポピー畑の絵でもっともよく知られているのは、きっとクロード・モネの絵だろう。印象主義の創始者であるモネは、庭と農地を描くことを愛した。クラップやそのほかの人たちが見た農業被害ではなく、ポピー畑に美を見ることができ、おそらく自然を最高の庭師と思っていたのだろう。彼

クロード・モネ、《アルジャントゥイユのひなげし》。1873年、キャンバスに油彩。

クロード・モネ、《ジヴェルニーのひなげし》。1891年。

フィンセント・ファン・ゴッホ、《ひなげし畑》。1890年、キャンバスに油彩。

のもっともよく知られているポピー畑の絵は、1873年の《アルジャントゥイユのひなげし》である。のちに、ジヴェルニーの自宅で、同じ題材を描いた連作をいくつも制作し始め、有名なのが睡蓮（すいれん）と積みわらの連作である。もっとも短い連作が、1890年にジヴェルニーのポピー畑を描いた3枚の絵である。全部で12枚の絵のタイトルに「ポピー」があり、さらにポピーと思われる赤い部分がある農地の風景画が何枚もある。彼は明らかに、風景のなかでポピーに当たる光のたわむれを楽しんでいた。そしてどの場面でも、圧倒的な存在になることはないものの、ポピーは絵に明るさをもたらしている。彼のいくつかの絵、有名な《アルジャントゥイユのひなげし》ではとくに、チラチラと揺らめいているように見える。

田舎の風景を描く画家、そしてそのほか多くの人々が、私たちはみな畑やポピーと身近に接することができると当然のように思ってきたが、おそらく彼らも、当時、それがしだいにまれになっていることがわかっていたのだろう。私たちはたいてい、自然の特定の側面を、それが危機に瀕しているか消えつつあるときにはじめて高く評価する。あらゆる種類のロマン主義の芸術家が、とくにそのような危機に瀕した美について描写したり書いたりした。彼らは農地の美しさが損なわれつつあるのをはっきりと理解して、それをほかの人々に非常に明確に伝えた。だが残念なことに、失われたものの大きさを控えめに述べている。ポピー畑のような自然の素晴らしさに接することが本当にまれになっていき、私たちはみんな何かを失っていくのである。

第6章　戦没者追悼のシンボルとしてのポピー

ある人がシンボルとしてのポピーについて知っていることがひとつだけしかないとしたら、おそらくそれは戦没者追悼との関係だろう。イギリス、そして追悼記念の式典が催される国ならどこでも、10月から11月初めのポピー売りに気づかないわけにはいかない［11月の第一次世界大戦終結記念日の前に「ヒナゲシ募金」が行われ、募金した人は胸につけるヒナゲシの造花をもらえる］。戦争とのつながりは明らかだが、正確にそれが何なのかよくわからない人もいるだろう。それはあらゆる街頭募金のうちで、もっともよく知られていて、ほかのどれとも違い、おそらくもっとも成功しているものにちがいない。イギリス、アメリカ、多くのイギリス連邦諸国、そしてもっと規模が小さいがそのほかいくつかのヨーロッパの国で行われている、シンボルとしてのポピーの使用とポピーの販売は、数人の鍵となる人物による多大な努力の結果、始まった。彼らが目指したのは、第一次世界大戦で殺された人々を追悼するシンボルを提供することだった。この戦争は「大戦争」、「すべての戦争を終わらせるための戦争」で、膨大な数の死者とみんなが耐えたひどい状況を忘れないためのものが必要だったのだ。

犠牲者の総数は、さまざまなやり方で数えることができる。戦場での死者のみとするか、戦争による肉体的精神的な傷によりあとで死亡した人も含めるか、あるいはオスマン帝国でのアルメニア人とギリシア人のジェノサイド（トルコは異議を唱えている）を含めるか、戦争が原因の栄養失調の直接的結果として死亡した人を含めるか、といったことで変わってくるのである。戦闘による死者だけでも、その数はおよそ680万にのぼる。関連するほかの原因での死者はおそらく1500万人を超えるだろう。イギリスと当時の植民地についての1920年頃以降の公式の数字では、戦闘による死者が約83万人とされている。2014年にロンドンで公開されたポピーのインスタレーションで使われた数字は88万8240人だった。死者だけでなく負傷者や行方不明者も含めれば、その数はイギリスとその植民地で300万近くになるだろう。[1]

犠牲者のことを考えるとき、戦争直後に猛威を振るった有名な「スペイン風邪」の流行のことも考慮しなければならない。これによりイギリスでさらに20万人、全世界で5000万人もの人が亡くなった。[2] この病気は世界の隅々まで広がり、当時の世界の人口のなんと3～5パーセントを殺して、黒死病以来、もっとも重大な伝染病となった。インフルエンザとしてはめずらしく、おもに若い成人が死亡し、それは彼らの免疫システムが過剰反応するためで、むしろ子供と高齢者のほうがよく生き残ることができた。1918年の夏に現れて大流行を引き起こした最初の変異株は、塹壕戦が誘因となって、おそらくフランス、もしかしたらカンザス州か極東で生まれたと考えられているが、スペインでないのはほぼ確実である。くわしく報じられたのがおもにスペインからだったので「スペイン風邪」と呼ばれているのだが、それはスペインが直接この戦争に関与していなかったためのようだ。

この戦争の犠牲者の規模は前代未聞で、生き残った人々に対する影響も異例の大きさだった。それ以前の戦争では、かかわった人はずっと少なかった。この戦争にはイギリスのほとんどすべての人が巻き込まれたし、ほかの多くのヨーロッパの国々でも何らかの形でかかわっていたため、解き放たれた純然たる恐怖を誰もが感じていた。このため、戦争の根本的な原因について、それまでよりもずっと真剣な問いかけがなされた。この戦争は実際に何を達成したのか？　この深いショックと悲劇の感覚が、戦争と帝国とそれが表すすべてのものに対する態度に大きな変化をもたらした。すべての人が合意したことがひとつある。このようなことは再び起きてはならない、ということだ。これほどの悲劇にはシンボルが必要だった。戦場にポピーが出現したように、兵士の血をイメージさせるポピーがシンボルとして登場した。[3]

すぐに、ポピーを売ることが帰還兵とその家族のための資金を集める手段になった。売り上げは未亡人、孤児、生き残った元軍人、とくに傷痍軍人にまわされた。それからしだいに、生き残って五体満足なままで帰還した兵士の多くが、市民生活に戻るのに深刻な問題を抱えていることに人々は気づいていった。彼らはしばしば心に傷を負っていて、深刻な場合もあった。このことはほとんど理解されておらず、たいてい無視されていた。近年はこうした問題についてずっとよく知られるようになり、ポピーの販売で得られた資金は、今ではどんな形であれそれを必要としている元軍人や女性を助けるために使われている。

私たちが知りすぎるくらい知っているように、「すべての戦争を終わらせるための戦争」はそのようなものではなく、ポピーは第二次世界大戦で戦死した兵士のシンボルにもなった。その後のヨーロッパの戦争はもっと規模が小さかったが、特定の共同体にとっては破壊的だった。ポピーは、こうした人々を追悼する普遍的なシンボルになり、将来の紛争の犠牲者すべてについてシンボルになる可能性がある。このシンボルはシンプルで、ポピーは戦争とのありとあらゆる関連付けに対応できる。

●どのようにしてポピーはシンボルになったのか

死者、とくに第一次世界大戦の死者は、しばしば「ザ・フォーレン」と呼ばれる［the fallen「倒れた者」という意味］。この呼び方は、イギリスが参戦してからわずか1ヶ月後の1914年9月にタイムズ紙に掲載されたローレンス・ビニョンの詩「フォー・ザ・フォーレン」に由来する。ビニョンによると最初に浮かんだという第4節（全7節）は、リメンブランス・サンデーの式典のたびに引用される。

彼らは、残された私たちが老いるように老いることはない。
年齢のために弱ることも、年月に見放されることもない。
日の沈むとき、夜が明けるとき
私たちは彼らのことを思い出すだろう。

塹壕戦が始まったときから、両陣営に恐ろしいほど犠牲者が出て、ぬれた泥と激しく揺れ動く土のなかで爆撃にあい、状況はたちまち悪化した。死者はしばしば、少なくともしばらくの間、埋葬されないまま放置され、戦場に多くの墓が掘られた。

ここで第1回の「リメンブランス・デー」（戦没者追悼記念日）がじつは1915年8月4日に開催されたことに注目することは価値があるだろう。この日はイギリスが宣戦布告した日から一周年の記念日である。この段階ではポピーは使われなかった。犠牲者を追悼しているものの、おもにより多くの人を軍隊に募集するためのもので、群衆は「勝利で終わるまで続ける」という決意を宣言した。だが、1918年には調子がかなり違っていて、リメンブランス・デーは「世界大戦の各戦場に倒れた帝国の息子たちに静かに敬意を表する」日だった。[4]

塹壕と大勢の人間の移動、継続的な爆撃と墓掘りが、戦場を冬の間中、泥が露出した広大な土地に変えた。1915年に、前年には見られなかった墓のまわりや戦場に大量のポピーが生えて開花したのは、こうした条件のせいである。それは亡くなった兵士たちを追悼する奇跡のような式典に見えたにちがいない。穴掘りも爆弾も、農地を耕すのと同じような効果をもたらしていたのだ。戦死した兵士とポピーが結びつくには、もうひとつの詩が必要だった。1915年12月8日に雑誌『パンチ』に匿名で発表された「フランダースの野に」である。

フランダースの野にポピーが揺らぐ
十字架の間に、何列も何列も、

ここがぼくたちの場所　空には
今でも元気な声で飛ぶひばり
かすかに聞こえる地上の砲声の中で

ぼくたちは死んだ　数日前には
生きていて、夜明けを感じ、輝く夕焼けを見た
愛して、愛された、それなのに今では
　フランダースの野に横たわる

敵との争いを終わりにしよう
弱ってきた手でぼくたちはトーチを投げる
受け止めて高くかかげてくれないか
死んだぼくたちとの約束を守れないなら
ぼくたちは眠れない、ポピーの花が
　フランダースの野に咲き誇っても
［小沼通二訳／『図書』２０１５年11月号所収／岩波書店］

この詩はカナダの軍医で１８７３年生まれのジョン・マクレー中佐によって書かれたものだとわ

かった。彼は1914年に西部戦線で従軍していて、1915年の第二次イーペル戦で野戦病院を任された。おそらく彼の教え子で友人のアレクシス・ヘルマーの死が、この詩を書くきっかけになったのだろう。1915年5月3日に素早くこれを書くと、彼の仲間たちは、その心のこもった内容、そして起こっていたことをいかにうまく伝えているかを、すぐに理解した。このとき、じつはマクレーはこの詩を捨て、それを救い出して『パンチ』など、ロンドンの可能性のありそうないくつもの出版社へ送ったのは同僚の将校だった。だから、匿名で発表されたのである。多くの人々が戦場にポピーがたくさん咲いているのを見たことがあったし、その赤い色は流血の惨事にふさわしかった。このため、完璧なシンボルになったのである。この詩はすぐに評判となり、世界中で読まれた。『パンチ』がその年の索引にマクレーの名前を記載したため、彼の名が知れ渡るのは確実だった。

ただしこの詩ひとつだけでポピーが世界的なシンボルになったわけではない。終戦の頃にこの運動が進んだのは、アメリカの教師モイナ・ベル・マイケルのおかげである。モイナ・マイケルは1914年の夏にヨーロッパをまわっていて、サラエボでフランツ・フェルディナント大公が暗殺された直後にはドイツにいた。当時ヨーロッパにいたほかの多数のアメリカ人とともにすぐにイタリアへ移って、急速に広がる戦争（ドイツは8月1日にロシアに対して宣戦布告した）を避け、アメリカへ帰国する船を見つけた。

1917年、ついにアメリカが参戦した。モイナ・マイケルは志願したかったが、47歳という年齢でできるのはYMCAに戦時業務への協力を申し込むことくらいしかなかった。YMCAの海外部門を手伝い、1918年11月、休戦の2日前にニューヨークのコロンビア大学で開かれた会議に

シンボルが生まれるきっかけとなった、バウアー・アンド・ブラックの手術用品の広告。モイナ・マイケルが感動したフィリップ・ライフォードによる絵を使用。

出席した。自叙伝に書かれている回想によれば、会議のほかの24人の代議員がよそへ行っていたとき、『レディース・ホーム・ジャーナル』の最新号を手に取ったら、そのなかに手術用品の供給業者であるバウアー・アンド・ブラックが愛国的な広告を出していた。[5] そこにはマクレーの有名な詩が載っていて(「ぼくたちは眠らない」と改題されていた)、そばに墓地と火、死亡した兵士(当時、アメリカでは「ドウボーイ」と呼ばれていた)、そして下のあたりにポピーが描かれた、フィリップ・ライフォードによる鮮やかなカラーのイラストがあった。

モイナ・マイケルはこの詩をすでに知っていたが、絵と一緒に見たことで心を動かされ、「信念を貫き、追悼のしるしと『亡くなったすべての人との約束を守る』ことを示す記章としてフランダースの野の赤いポピーをいつも身に着けることを固く決意した」。会議の参加者が戻り、彼女が自分の決意を話すと、おそらくマイケルの熱意に強く影響を受けて、みんなそのアイデアに興味をもち、追悼のシンボルとして身に着けるポピーを求めた。10ドル渡していくつか買ってくるようにいった人がいて、マイケルはすぐに適当なポピーを見つけに行かなければならなかった。当然、それは簡単なことではなかった。今のようにポピーの造花があるわけがなかったから。彼女はポピーを見つけようとニューヨークの店を走りまわり、あきらめかけてワナメーカーズ百貨店に入るとシルクのポピーがいくつかあった。それを買って会議室に戻ると、代議員たちにひとつずつ配った。こうして、追悼のために上着の襟にポピーをつける習慣が始まったのである。その後まもなく彼女は自分で「私たちは約束を守る」という詩を書いた。

ああ！　フランダースの野に眠るあなた、
よく眠れ――再び立ち上がるために！
私たちはあなたが投げたトーチを受け止めた
そして高くかかげ、私たちは守る
亡くなったすべての人との約束を。

私たちは赤いポピーを忘れない
勇者が指揮した野に生えるポピーを。
それは空に伝えているようだ
英雄の血は決して死なず
フランダースの野で
死者の上に咲く花の
赤い色に輝きを添えることを。

そして今、トーチと赤いポピーを
死者に敬意を表して身に着ける。
無駄に死んだとは思わないで。
フランダースの野で

「勝利公債を買おう」、フランク・リュシアン・ニコレによるプロパガンダ・ポスター。1918年。

あなたが得た教訓を
私たちが伝えよう。

この詩でマイケルは時代精神をとらえていたが、高い文学的評価は受けなかった。それから彼女は、ポピーが追悼の普遍的なシンボルとして認められるよう、熱心に運動した。帰還した退役軍人と遺族の苦境に対する認識を高めるための理想的なシンボルであるうえに、彼らのためにお金を集めるのに使うことができることに、彼女はすぐに気づいた。多くの人がこのアイデアを気に入ったが、それでもすぐにはうまくいかなかった。そこでポピーと戦争との関係を確かなものにしたのが、サセックスでイギリス人とフランス人の両親の間に生まれたがカナダで育った画家のフランク・リュシアン・ニコレがデザインした1918年のポスターである。このポスターは、イギリスの戦時公債に相当するカナダの「勝利公債を買おう」というスローガンが書かれた何枚ものポスターのひとつで、おそらくもっとも効果をあげたものだった。これらのポスターには、人々の愛国心に訴えて戦争の資金を調達し、おそらくインフレを抑える目的もあった。

ポピーのシンボルに力があるのは、それが非常にシンプルだという理由が大きい。ポピーだけでなく連合国の旗とアメリカの自由のトーチがデザインされた「フランダース戦勝記念の旗」では、ずっと大きくてもっと複雑なシンボルにしようとした。これが失敗したのは、おそらく複雑すぎ、勝利と連合国の抵抗と死者の追悼についての雑多なメッセージをすべて一度に伝えようとしたからだろう。

この旗が人々の心をとらえることができなかったので、モイナ・マイケルはまた少し落胆し、自分の努力が無駄だったと思ったが、それもポピーの造花が飾られたカフェやバーに帰還兵が迎えられていると聞くまでのことだった。場所によっては、客が寄付のお返しにポピーをもらい、帰還兵との連帯を示せるようにピンで服に留めていた。この話を耳にしたマイケルは、1920年8月にジョージア州のアメリカ在郷軍人会地方支部へ行って、もう一度自分の考えを強く訴えた。説得されてこのシンボルが力をもっていると納得した支部は、9月にオハイオ州で開かれるアメリカ在郷軍人会の全国大会で提案することを約束した。うれしいことに在郷軍人会はそれを採用し、ポピーは彼らのシンボルになった。

アメリカがこのアイデアを採用すると、すぐにほかの連合国も続いた。カナダが1921年夏に採用し、その後、マイケルはイギリスで、イギリス在郷軍人会の創設者で会長の陸軍元帥ヘイグ伯

イギリス在郷軍人会のポピー

爵にこのアイデアを提案した。1921年11月に彼もポピーをイギリス在郷軍人会のシンボルとして採用し、第1回のポピー・デーの募金活動を開始した。それから間もなくポピーのシンボルはオーストラリアとニュージーランドでも採用された。

ところで、この広がりに重要な役割を果たした人物がもうひとりいる。戦没者追悼のシンボルとして売るためにポピーの造花を使うという考えに興味をもった若いフランス女性、アンナ・ゲランである。彼女はアメリカの在郷軍人会の集会に出席したことがあり、このアイデアに可能性を感じていた。フランスに戻ると、当時、戦争のせいで非常に困窮していた未亡人とその家族に、アメリカとイギリスへ売る紙やシルクのポピーを作るよう勧めた。彼らはポピーを何百万個も作り、1920年から1924年の間、大半のポピーはフランスで作られた。ゲランの事業の成功を見てイギリスの市場に可能性を感じたヘイグは、1922年にイングランドにイギリス在郷軍人会の工場を設立した。彼は障害のある退役軍人を雇い、1924年には年に2700万個のポピーを生産した。工場は1926年にリッチモンドの古い醸造所へ移され、その後、1932年にこの目的のために建てられた新しい工場へ移った。[6] この工場は今でもまだ稼働しており、現在、年に3600万個のポピーを供給している。

ヘイグの妻の提案で1926年にエディンバラに第2工場が設立され、現在「レディー・ヘイグズ・ファクトリー」と呼ばれているが、2011年以降、ふたつの工場はひとつの慈善団体に属している。スコットランドの工場は現在、年にもう500万個のポピーを生産している。イングランドのものとは少し違うデザインの紙のポピーを作っており、イングランドの「花弁」が2枚ある標準的なデザインではなく、花弁に4枚の紙を使っている。本物のポピーの花には2枚の花弁が2段輪生した4枚の花弁があるので、スコットランドのデザインのほうが自然の植物に近い。当然のことだが、ほかにも違ったデザインのポピーを作った人がいる。花弁が5枚のデザインさえあり、これは本当は間違っている。花弁が5枚ある花はたくさんあり、そのほうが4枚よりずっと一般的なので、花弁が5枚の花のほうがある種「完璧な」基本的な花だと思うかもしれない。だが、花の成長過程で異常がある場合を除いてポピーが5枚の花弁をもつことはなく、5枚あるときでも花弁は均等に配置されていない。カナダでは、表面がフロック加工（短繊維植毛）されたプラスチックで作られており、一般に花弁は4枚である。

アンナ・ゲランがかかわったことは、ある意味、ちょっと奇妙である。第一次世界大戦でフランスの兵士は「ホライズンブルー」と呼ばれる灰色がかった淡い青の軍服を着ていた。以前の軍服は

「ホライズンブルー」の軍服を着た1916年以降のフランス兵

赤だったが、イギリス軍などがカーキ色の軍服を着始めたのと同じ頃、もっと目立たない色に変わったのである。軍人は「レ・ブリュエ」──英語のザ・ブルーズ（青いもの）またはザ・ブルーイッツ（青い花を咲かせる植物）に相当する──と呼ばれ、軍人と青色が結びつけられるようになった。軍服に使われている色は、タイセイという植物の葉から採られる染料の色である。タイセイは古くから青みがかった色の染料ができることで知られ、その目的でとくにフランス北部のピカルディで栽培されていた。しかし、タイセイの花はじつは黄色で、このためシンボルとして適していなかった。「ル・ブリュエ」はヤグルマギク（*Centaurea cyanus*）のフランス語名である。その花は濃い青色で、ポピーと同じように麦畑の雑草であり、土が掘り返されたあとの戦場にかならず現れた。現在ではイギリスではめずらしいが、フランスの一部

ヤグルマギク。「レ・ブリュエ」、南フランス。

ではまだ普通に見られる。このため、フランスでは追悼のシンボルとしてポピーは採用されず、フランスの戦死した兵士のシンボルになったのはヤグルマギクだった。

モイナ・マイケルは1944年に亡くなり、それまでに退役軍人のために2億ドル以上を集めた。彼女はアメリカではよく知られていて、「ザ・ポピー・レディー」と呼ばれた。死後、受けた栄誉のひとつが、1948年にアメリカで発行された、ポピーとともに彼女を描いた3セントの郵便切手である。近年、あまり脚光を浴びなくなったかもしれないが、この人がいなければ、今日のように広く認められたシンボルはなかっただろう。

マクレーの詩に触発されて、同胞のカナダの詩人エドナ・ジェイクスがシンプルに「フランダース、今」という少し似た詩を書いた。それは「ぼくたちは約束を守った、フランダースの死者たちよ、赤いポピーの下で安らかに眠れ」と始まる。1921年にカルガリーヘラルド紙に最初に発表されたが、さまざまな新聞に取り上げられ、しまいにはブリュッセルの図書館のための資金を募っていたエブリウーマンズ・クラブのカードにベルギーの国歌とともに印刷された。そのおかげで100万ドル集まったが、ジェイクス自身は金銭的な利益をまったく受け取らなかった。この詩は、1921年の休戦記念日にワシントンDCで行われた無名戦士の墓の除幕式でも読まれた。

ジョン・マクレーの詩は非常に有名になったので、戦争について書く詩人はみなこの詩を知っていただろう。イギリスの戦争詩人のなかでとりわけよく知られているのがアイザック・ローゼンバーグである。彼は同時代の多くの詩人が共通して抱いていた戦争に対する愛国的熱意はもっていなかったし、戦争が無益で恐ろしいほど多くの死傷者が出ると最初から思っていた。彼の詩は、マクレーの詩よりずっとあきらめた感じがある。ポール・ファッセルは戦争文学についての研究論文のなかで、1916年12月に発表された次の詩はおそらく第一次世界大戦から生まれたもっとも素晴らしい詩だと述べている。[7]「塹壕の中の夜明け」という詩でローゼンバークは、ポピーを戦死した兵士の血と明確に結びつけている。

闇が砕け散る。
いつもと同じ古代ドルイドの時間、
唯一の生き物がぼくの手を飛び越える
奇妙なあざけるようなネズミ。

ぼくは塹壕の壁の上に生えているポピーを抜いて
耳の後ろに挿す。
ひょうきんなネズミ、君の世界主義的共感を
知ったなら、あいつらは君を撃つだろう。
今、このイギリス人の手にふれた君は
ドイツ人にも同じことをするのだろう
きっとすぐに、間で眠っている
緑の原を渡るのが君の喜びなら。
君は通り過ぎるとき、ひそかににやりとしたようだ
鋭い目、立派な足、高慢で屈強な男たち、
生き残る可能性は君より少なく、
気紛れな殺人の命令に縛られて、
大地の内臓の中を這いまわった、
フランスの引き裂かれた野で。
君はぼくらの目の中に何を見るのか、
金切声をあげる鉄と炎が
静かな天から浴びせられるとき。
震えか、恐怖か。

人間の血管に根をはるポピーが
倒れ、いつまでも倒れている。
でも、ぼくの耳のは大丈夫——
埃で少し白くなっているだけ。

第一次世界大戦のイギリスの公認画家のひとりにウィリアム・オーペンがいる。彼は1917年の夏にソンムの戦場を訪れた。前年の7月から11月にかけて有名な攻撃があったところだ。彼は、その冬のソンムのようすを、砲弾によって作られた荒涼たる窪みと水と泥の沼地だと書いたが、次の夏には次のように書いている。

どんな言葉でもその美しさを表現することはできない。わびしく陰鬱な泥は焼かれて純白——まばゆいばかりの白——になっていた。赤いポピーと青い花が一面に群生して何マイルも何マイルも広がっている。空は澄んだダークブルーで、空気全体が10メートルを超える高さまで、白い蝶でいっぱいだった。そこは魔法をかけられた土地のようだったが、この妖精の国には何千もの小さな白い十字架があって、イギリスの無名戦士の墓のしるしになっていた。[8]

オーペンの「青い花」はほぼ確実にヤグルマギクだ。オーペンがそれについて述べているまさにその理由で、フランスが戦没者追悼のシンボルにした花である。それが何の花か彼がはっきりわかっていないのは面白い。おそらく、第一次世界大戦の頃でも、この花はイギリスではめずらしかったのだろう。このように生き生きと描写しているにもかかわらず、残念ながら彼はこの景色の絵を残さなかったらしい。

第一次世界大戦以降、戦死者を追悼する詩が多数書かれ、しばしばポピーに言及しており、マイケルやジェイクスの詩のようにマクレーの詩を引用しているものもいくつかある。さらに多くの詩が第二次世界大戦後に書かれ、なかでも傑出しているのがヴァーノン・スキャネルの深く心を打つ「大戦争」（1962年）で、次のような一節がある。

ラッパの耳ざわりな甘い音に
11月の空が震えるとき、
頭がぼんやりしてきて、夜のかすかな光のなかで
十字架と炎、曲がった鉄条網、灰色の土に
深紅の花が散っている……

多くの国でポピーは戦争で死んだ人々の追悼のシンボルになり、ほとんどどこでもどんな花か知られている。紙やそのほかの材料で作られた何百万個ものポピーが、11月に停戦を記念して販売され、リメンブランス・デーと呼ばれる11月の第2日曜日——1918年に休戦協定が調印された日時である11月11日11時にもっとも近い日曜——に式典が催される。現在ではイギリス在郷軍人会は

リメンブランス・トラベルという旅行会社をもっていて、2007年には、非公式ではあるが、「戦場ツアー」については「ポピー・トラベル」と自称し始めた。[9]

通常、「大戦争」以降のすべての戦争が追悼式典の対象とされ、もっとも目立つのは第二次世界大戦である。ポピーの人気は年を経るごとに高まり、イギリスの追悼式典には、1982年のフォークランド紛争、21世紀のイラクとアフガニスタンでの戦争のようなその後の戦争がすべて含められている。

●ポピーのシンボルの副産物

ときには「ポピー・デー」に関係する式典がまるで戦争を賛美しているように見えることがある。これは、ひとつにはマクレーの詩に、人々に死者を悼んで戦い続けるよう促す部分があるからにちがいない。彼の詩が開戦から1年たっていない1915年5月に書かれ、その後も数多くの戦闘があったことを忘れてはいけない。この戦争全体が無益なことで、誰にとってもほとんど得るものがないのに多くの人が死んでしまったと人々が本当に思い始めたのは、戦後何年かたってからだったのだ。

第一次世界大戦後の初めの何年かは、式典はとくに主戦論的になり、多くの人々に怒りの気持ちを起こさせた。ロイヤル・アルバート・ホールでの盛大な式典で、ジョン・フォウルズが特別に作曲した「世界の鎮魂歌」が歌われた。[10] これには大勢のソリスト、ステージ外も含め聖歌隊、オルガン、フルオーケストラが出演した。1923年の最初の上演のときには1250人の音楽家が参加した。1924年と1926年にも上演された。1920年代初めには、記念日に戦勝の舞踏会と晩餐会も催された。人々の気持ちがしだいに広く変化していったのは、こうした催しが戦争を賛美しているように見えたからである。この変化はとくに、ロンドンのセント・マーティン・イン・ザ・フィールズの司祭で、初期の平和運動家として知られるディック・シェパードによってもたらされた。彼は、1925年10月にタイムズ紙に手紙を書き、リメンブランス・サンデーの前の土曜日の夜にアルバート・ホールで戦勝舞踏会が開かれるのはまったく不適切で、この日とポピーのシンボルは戦死した兵士のことを思うためのものであって、戦争を祝うものであってはならないと批判した。彼は率直にものをいう平和主義者で、説教や著作で支持者を大勢集めた。彼の行動、そして彼が得た大衆の大きな支持の結果、たとえ1日だけであっても、驚いたことにロイヤル・アルバート・ホールはすぐに舞踏会を延期し、もっと厳粛な行事に差し替えた。翌年、デイリー・エクスプレス紙に次のような記事が掲載された。

今年の休戦記念日のじつに驚くべき特徴は、そのきわだった厳粛さである。時がたつにつれ、この記念日を祝う感じはなくなってきた。昨年と比べても顕著な違いがある……当時はダンスパーティーがたくさん開かれ、レストランやナイトクラブが人であふれるほどになっていた。昨年の休戦記念日にダンスをした大勢の人たちも、昨夜はそんなことはできないと思った。[11]

シェパードは国民感情に大きな影響を及ぼしていた。彼は1934年に「平和の誓約」を全国に呼びかけ、最終的に平和誓約連合を結成した。[12] それは彼が亡くなる前年の1936年に正式に設立された。ヴェラ・ブリテンは第一次世界大戦の死傷者について書かれた感動的な物語をドラマ化した『戦場からのラブレター』でよく知られているが、彼女の小説『1925年生まれ *Born 1925*』の登場人物ロバート・カーベリー師はシェパード司祭をもとにしている。[13] 平和誓約連合は、明確にあらゆる戦争の終結を求めて運動するもっとも古い「世俗の」組織である。この団体は現在の宣伝資料のなかで、すべてではないにしてもほとんどのリメンブランス・デーの式典は、愛国主義的な軍と戦争全般の賛美であると明確に非難している。そして世界の148ヶ国におよそ2万3000あるイギリスとイギリス連邦の戦没者の墓地について、同じくらい強い言葉を投げかけている。彼らは、戦没者墓地を訪れる見学旅行や、そのほか戦争を記念するものを、若者を軍に勧誘するためのものだと考えている。そして、戦争は一大産業であり、兵器販売は世界政治のなかで大きな役割を演じていると指摘する。平和誓約連合が公表している目標は、このような式典すべてに反対し、良心的兵役拒否者を公平に扱い、戦争記念ではなく「平和記念」を広めることである。

1927年にリメンブランス・デーの式典は「フェスティバル・オブ・リメンブランス」になり、毎年11月にロイヤル・アルバート・ホールで開催され、今日まで続いている。軍事的誇示ととれるものもあるが、戦死者のための音楽や祈りもある。フェスティバルが最高潮になると、何千ものポピーの花びらがホールの屋根から放たれる。現在では、国民に開かれた午後の式典と、イギリス在郷軍人会の会員と王室向けの夜の式典の、ふたつの式典がある。1926年以降、フォウルズの鎮魂歌は忘れられていたが、2007年のフェスティバルで再び上演され、このとき録音された。

ロイヤル・アルバート・ホールで毎年開催されるリメンブランス・デーの式典のクライマックスに降ってくるポピーの花びら、2014年。

1939年に第二次世界大戦の開始によりフェスティバル・オブ・リメンブランスは中止されたが、その後、再開された。

ポピーを身に着けることについては、シェパード司教の初期の活動以来、ほかにも多くの平和活動家から抗議の声があがった。第一次世界大戦での指揮についてヘイグを許すことができず、そのため彼が支持したこのシンボルを決してつけないという退役軍人がいる、というかいた。

早くも1933年に、女性協同組合ギルドが平和主義者の抵抗のしるしとして白いポピーをつけることを決定した。白いポピーをつけていたことで仕事を失った女性さえ何人かいた。雇用者が死者に対する冒瀆だと思ったからだ。今では平和誓約連合により、「戦争は人類に対する犯罪である。私は戦争を放棄し、このためどんな種類の戦争も支持しない。また、私は戦争のあらゆる原因を除くために努力することを決意した」[14]という言葉とともに白いポピーが販売されてい

平和誓約連合の白いポピー

る。平和主義的なことで知られるフレンド派、つまりクエーカー教徒は、信者に赤いポピーのそばに白いポピーをつけることを勧めてきた。そうすることで、戦死した兵士を追悼すると同時にあらゆる戦争の終結を求めているのである。

２００６年にまた別の色のポピーが登場し、こんどは紫のポピーだった。それはアニマルエイド（イギリスの動物保護団体）が、軍務で命を失った動物を追悼するために配布したものである。[15] アニマルエイドは、「人間の戦争のとき、動物が伝令、探知、偵察、救助のため、運搬用あるいは前線で使われてきた。どうか紫のポピーをつけて、こうした忘れられた犠牲者に対する意識を高めるのに協力してください」と述べている。イギリス在郷軍人会は、白いポピーも紫のポピーもリメンブランス・デーの式典の一部として受け入れ、従来の赤いポピーのそばにつけるよう提案している。ただ、混乱を招くといけないので、販売者はふたつの色を一緒に売るべきではないと述べている。

最近、自国や近隣の土地で戦うのがどんなことか覚えているヨーロッパ人がどんどん少なくなっており、特定の立場でポピーをつけることの是非についての議論が避けられなくなっている。20世紀の2度の世界大戦が歴史の彼方に消えていくにつれ、このシンボルの力が弱まっていくのはほとんど間違いない。あちこちで、11月の初めにいつもポピーをつけるよう本気で求める主張やそう受け止められる主張があり、さもないとグループから排斥されるおそれがあるとき、そんな人たちは「ポピー・ファシスト」と呼ばれている。これについての痛烈な記事が、２０１３年11月7日のインディペンデント紙に掲載された。論議を呼ぶ見解でよく知られるロバート・フィスクが、「ばかげた話（poppycock）――戦没者追悼の儀式にどうしてかっかする（see red）のか：ポピーのせい

プロテスタントの民兵組織アルスター義勇軍を追悼する北アイルランドの壁画

で戦争の意味を深く考えなくなっている」という見出しの記事を書いた。彼はポピーのことを「戦争を支持する詩をきっかけに生まれた、不愉快な流行の添え物[16]」といっている。彼の主張は、ポピーをつけている人は戦争を賛美しているのに近いというものである。ソンムで戦ったことのある彼の父親は、ヘイグ伯爵の自伝を読んでポピーをつけるのを拒否したが退役軍人のひとりで、こんな無意味な戦争で命が失われたのはヘイグに責任があると考えていた。ほかにもポピーをつけるのを拒否している人がおり、戦争、とくに最近の「テロとの戦い」や中東での紛争を続けるための政治的正当化だと考えている。ほかにも多くの記事が両方の立場で書かれてきた。そのためデイリー・テレグラフ紙のダン・ホッジスは、リメンブランス・デーのたびにいつも「ポピーの戦争」が起こるという意味のことを書いている[17]。

リメンブランス・デーは特定の政治的意味を帯びたこともある。もっとも心が痛む例が、北アイルランドの場合だろう。1920〜22年の分割以来ずっと一触即発の状態で、北アイルランドの多数派のプロテスタントと少数派のカトリックの間で、しばしば公然と、暴力がふるわれた。ポピーは、それがシンボルになったほとんどそのときからプロテスタントの運動と強く結びつき、そのうち惨事を招くことになった。この結びつきを決定的にしたのが、プロテスタントの民兵組織であるアルスター義勇軍がこのシンボルを使用したことのようだ。彼らはポピーのイラストを描いた壁画を立てて、殺された仲間を追悼した。このアルスター師団は1916年のソンムの戦いで最前線にいて大勢殺されたのだが、ポピーはプロテスタントのユニオニスト「イギリスの一部であることを望む人」と結びつけられた。こうしてポピーはプロテスタントのシンボルになり、したがって抑圧のシンボルになった。

カトリックの共和主義者は、その秘密軍事組織であるアイルランド共和軍暫定派（IRA）とともにシン・フェイン党という政党を結成していた。IRAの照準はプロテスタント社会の軍事勢力に向けられていた。ポピーのシンボルは党派的意味をもち、リメンブランス・デーのパレードがまたとない標的になったのは避けられないことだった。彼らの考えでは、いたるところにあるポピーはプロテスタントの力を象徴するものであり、おまけに軍関係者の代表が大勢、みな一緒にパレードするのだ。1987年11月8日の日曜日のリメンブランス・デーに、「ポピー・デーの虐殺」と呼ばれる、この紛争で最悪の惨事が起こった。北アイルランドのファーマナ県にあるエニスキレンという小さな町で、IRAが仕掛けていた爆弾が午前10時43分に爆発したのだ。爆弾は町の図書閲覧室の中に置かれていて、それを背にして大勢の人が立っていた壁を吹き飛ばした。11人が死亡し、12人目は負傷したのちに死亡。ひとりを除いてすべて一般市民だった。全員プロテスタントで、さらに63人負傷者がいた。のちにIRAは、式典でパレードしていたアルスター防衛隊の兵士を殺すつもりだったと述べている。

対立する宗派双方に殺害行為に対する嫌悪が広がり、この爆破によって引き起こされた激しい怒りは、このような厳粛な行事のときということもあって、ずっと広範囲に及んだ。とくに忘れられないのが、爆発で娘のマリーを亡くしたゴードン・ウィルソンの反応だ。直後に行われ、世界中に放送されたスピーチで彼は、娘を失ってとても悲しいが、爆破犯人に対し憎悪や恨みは抱いていないといったのである。殺人は、アイルランドとイギリス国内だけでなく、IRAの支援者の一部からも非難され、たとえばリビアのカダフィ大佐は武器の供与を停止した。2週間後に再びエニレスキンのリメンブランス・デーの礼拝が、カトリックとプロテスタント約7000人が参加して行われ、そのなかにはイギリスの首相マーガレット・サッチャーもいた。この事件でIRAへの支持は急速に失われることになり、10年後にシン・フェイン党の党首ジェリー・アダムズがこの殺害行為について謝罪した。IRAは、じつはエニレスキンの爆弾と同じ頃に爆発させるつもりで、約30キロ離れたタリーホモン村にもっと大きな爆弾を仕掛けていたことを認めた。だが、それは爆発しなかったのだ。その後、この爆弾は処理された。

アイルランドには、ポピーが象徴する意味に関して相反する深い感情が存在し続けている。ポピーは戦争で亡くなったすべての人を追悼するシンボルだといわれ、そのことが知られていても、今でも多くの人からプロテスタントのシンボル、そしてカトリックの人々にとっては抑圧のシンボルとみなされているのだ。

ベルファストの詩人マイケル・ロングリーが数年後、きっと、北アイルランドではポピーが特別な政治的意味をもっていることを考慮に入れて、このシンボルの意味を戦争詩のものとはまったく違ったふうに感じさせる「ポピーズ」という詩を書いた。

ほかの人がポピーをつけるのを止めさせようとする人たちがいた
そして襟からはぎ取った
まるでフランダースの野からポピーを引き抜くように、
でもほかの人たちはポピーの中に隠した
カミソリの刃を、そして赤いポピーをもっと加えた。

ロイヤル・アベニューで大喜びで胴上げした
帰還する負傷兵を、喜びで笑いがはじけた。[18]

ポピーのシンボルはカナダでしっかり生き続けている。2001〜2005年の10ドル札には、戦争記念碑とポピーとマクレーの詩が裏面に印刷されていた。カナダ人は明らかにマクレーを誇りに思っている。この札は、2013年に鉄道のデザインに変えられた。2004年に2種類の記念

1944年Ｄデーのウィストルアムにおける連合軍攻撃の記念碑、ペガサス橋のそば。石碑にペガサスのマークがあるのが見える。

ハワード少佐の墓、クリフトン・ハンプデン。

「クォーター」（25セント）硬貨が作られた。1本またはは2本の赤いポピーが描かれた銀貨である。

◉戦争の記念碑

連合軍兵士の記念碑はポピーの花輪で一年中飾られていることが多く、リメンブランス・サンデーにはすべての記念碑に花輪が置かれる。ポピーのシンボルは、第二次世界大戦の記念碑でも、第一次世界大戦の場合と同じくらい重要なものになった。カーンに近いウィストルアムのオルヌ川にかかるいわゆるペガサス橋で見られるように、ポピーの花輪はノルマンディー上陸作戦を記念するためにも使われている。ここは、1944年6月6日の午前零時を少しまわった頃、侵攻する連合国のすべての兵士が最初に上陸したところである。橋にこの愛称がつけられるもとになったペガサスのマークをつけた落下傘部隊が、ジョン・ハワード少佐の指揮のもと、グライダーでやってきて、すぐに橋を確保した。このと

ハウプトマン・ヨーゼフ・オステルマンに捧げられた記念碑、サウス・ダウンズ、サセックス（イングランド）。

きの犠牲者を追悼する銘板がある。オックスフォードシャー州クリフトン・ハンプデン村にあるハワード少佐の墓には、彼をたたえて同じようなポピーの造花の花輪が供えられている。

イギリス全土に大きなものから小さなものまで多数の記念碑があり、普通、少なくともひとつはポピーの造花があり、多くの場合、いくつものポピーや花輪がそれぞれのまわりに置かれている。とりわけ胸を打つのが、ウェストサセックスのサウス・ダウンズ・ウェイのそばにある小さな記念碑で、ディドリング村を見渡せる丘にある。それは1940年8月13日にブリテンの戦いの最初の日に撃墜されたドイツのパイロット「ハウプトマン・ヨーゼフ・オステルマン」に捧げられたものである。彼はイギリスを爆撃していたのだから敵だったのだが、この記念碑の石は今日まで明らかによく手入れされていて、もちろんポピーの造花が飾られている。彼はドイツ人だったが、まだ25歳の若者で、多くの息子たちと同じように戦闘中に殺されたのだ。

第二次世界大戦の終結から50年たった1995年に、ポピーを描いたステンドグラスが、オックスフォードシャー州ノーク村の小さな教会に西側の窓としてはめ込まれた。この窓の下にある記念の銘板には、この小さな村から出たふたりの戦死者の名前が書かれており、ひとりは1915年、もうひとりは1944年だった。

ロイヤル・メール（イギリスの郵便事業者）は、2008年にその年のリメンブランス・デーに間に合うように11月6日に、休戦90周年を記念する郵便切手を発行した。ポピーが図案化された3枚の切手セットで、そのうち2枚は前の2年に発行されたものである。1枚はポピーの茎が有刺鉄線になっていて、ほかの2枚では花の中に兵士が描かれている。また、2014年7月28日に、第

ノーク村のセント・ジャイルズ教会にあるポピーのステンドグラスの窓、オックスフォードシャー（イングランド）、1995年にはめ込まれた。

ロイヤル・メールの切手に描かれた八重咲きのポピー

一次世界大戦の開始を記念するシリーズのひとつとして、もう1枚ポピーの切手が発行された。フィオナ・ストリックランドがデザインしたもので、たぶんちょっと残念なことに、「八重」のポピー、つまり野生のものではなく栽培品種が描かれている。2014年9月17日にも、象徴的な花のシリーズでまた1枚ポピーの切手が発行され、これは植物画家のケイト・スティーブンスがデザインした。ほかにもポピーの切手があり、たとえば2014年にジャージー島で発行された戦争関連のものも含む6枚の図案化された切手のセットや、ポーランド、アンドラ、アメリカのもっと初期の切手がある。

2014年には、あらゆる報道媒体で第一次世界大戦の開戦記念の見出しが目立った。その多くでポピーが取り上げられた。遺産宝くじ基金から10万ポンドの補助金を受けた企画では、イギリスのデイヴィッド・キャメロン首相が、第一次世界大戦勃発100年を記念して本物のポピーを植えようと学校の生徒に呼びかけた。そのとき（4月）すぐに植えれば、1914年に戦争が勃発した日である8月4日までに花が咲くだろうと考えたのだ。

何人もの作家が、第一次世界大戦の開始を記念して歴史や小説を書いている。たとえば歴史ロマンスの人気作家メアリー・フーパーは２０１４年に『ポピー *Poppy*』、続いて『野のポピー *Poppy in the Field*』（２０１５年）を出版し、どちらも第一次世界大戦についての本である。タイトルの「ポピー」は十代のヒロインを指しているが、シンボルとしてのポピーとの関連性は明白で、表紙のイラストにはポピーとともに戦争シーンが描かれている。ヒラリー・ロビンソンとマーティン・インピーは、子供および大人向けのグラフィックノベルとして制作された『今ポピーが生えているところで *Where the Poppies Now Grow*』という短い絵本を出版した。ほかにもたくさんある。

第一次世界大戦を記念するもっとも野心的なものは、ロンドン塔を囲む空堀に展示されたセラミック製ポピーの巨大なインスタレーションだ。この展示は、セラミック・アーティストのポール・カミンズが考案し、舞台デザイナーのトム・パイパーが演出した。インスタレーションは、カミンズが見つけた、フランダースで殺されたダービーシャーの男性の遺言書にある詩の一節にちなんで、《血に洗われた大地と赤の海》と名づけられた。最初のセラミックのポピーは２０１４年7月17日に「植え」られ、イギリスが宣戦布告した記念日である２０１４年8月5日に除幕された。一般の人が１本25ポンドでポピーのスポンサーになれる企画もあり、スポンサーはインスタレーションが解体されたらポピーをもらえることになっていた。インスタレーションは国内外で広く報道された。大衆の心をとらえ、多数のボランティアがポピーを植えるのを手伝った。最終的にはすべてのポピーにスポンサーがついた。戦死者名簿が作られ、8月11日月曜日から11月10日月曜日までの間、毎晩、大戦争の犠牲者１８０人の名前が読み上げられ、続いて軍葬ラッパが鳴らされた。こうして

2014年にロンドン塔に展示された、ポール・カミンズによる88万8246本のセラミック製ポピーでできたインスタレーションの一部。

完成前のポール・カミンズのインスタレーションの一部、塔の入り口に滝のようにかかるポピーの「波」が見える。

2014年11月11日の休戦記念日までに、88万8246本のセラミックのポピーでできたインスタレーションが完成した。選ばれた数は、イギリスと当時の植民地が出した第一次世界大戦の直接の犠牲者の最新の推定値のひとつである。塔はポピーで囲まれ、遠くから見ると本当に赤の海だった。ふたつの大きな金属細工の構造物が堀の上にそびえていて、「涙を流す未亡人」と「波」と呼ばれた。「涙を流す未亡人」では地面から約6メートルのところにある窓からポピーがあふれ出していて、「波」は塔の入り口の上にアーチを作っていた。中ではポピーの茎がねじれ絡み合って、さまざまに解釈できる。おそらくは、塹壕から出てほぼ確実な死に向かって行く兵士たちの波と、塹壕の中の有刺鉄線だろう。こうした象徴的な形とインスタレーション全体の規模の大きさにより、戦争での悲劇的な死が強烈に表現された。

ポール・カミンズは、基本的なポピーのデザインを3枚ずつ2段に輪生する6枚の花弁をもつものにした。ケシ科の植物には花弁が6枚のものもあるが、ポピーの花弁は4枚だ。しかし、カミンズはカナダのいくつかのデザインが6枚になっているのを見ていて、なんといってもこのシンボルが生まれるきっかけはカナダの詩人により与えられたのだ。カミンズはそれが自分のインスタレーションのポピーにふさわしいデザインだと思ったし、6枚の花弁はこのインスタレーションから恩恵を受ける6つの軍人関係の慈善団体を表していた。[19] カミンズのポピーは花弁の幅が約8センチだが、ポピーはひとつずつ形を整えられた。スポンサー制度による利益はすべて慈善団体に配られ、イギリス在郷軍人会とそのほかの軍関係の慈善団体は1500万ポンド［当時のレートで約26億円］以上の利益を得た。インスタレーションの解体は2014年の休戦記念日直後からアーティストの指示で行われ、11月末までにすべて撤去された。それは命のはかなさを強調するためだった。2014年8月から11月までの短い展示期間に、推定500万人がインスタレーションを見に塔を訪れた。きっと直後のようすも、意図せず鮮やかに戦争を思い出させただろう。当然、草の多くが削り取られていて、堀が泥だらけの荒涼たる塹壕のように見えたからである。

政府からの支援を受けて、すでにレディー・スージー・セインズベリーのバックステージ・トラストが「涙を流す未亡人」を、クロア・ダッフィールド財団が「波」を購入した。これらは2015年から2018年にかけてイギリス各地を巡回し、その後はロンドンとマンチェスターの帝国戦争博物館に、第一次世界大戦100周年アート・コミッションズを推進するNOW遺産プロジェクトの一環として、永久展示されることになっている。

私たちは、ポピーは本質的にヨーロッパのもので、シンボルもイギリスのものだと思っている。なんといってもこの植物はイギリスを含むヨーロッパの多くの地域にずいぶん前から定着していて、戦争は北ヨーロッパで戦われたのだ。発想のもとになった詩を書いたのはカナダ人で、ポピーをシンボルにすることを提唱したのはアメリカ人で、このシンボルを採用した最初の部隊はアメリカの部隊だったことを考えると不思議な気がする。ポピーの最初の大量生産さえ、シンボルとしてポピーではなくヤグルマギクを採用した国の、フランス女性のアイデアだった。

最新のアイデアは、「バーチャルなポピー畑」、つまり死者すべてを悼むことを目的としたウェブサイトを作るというものだ。追悼したい人の名前を入力するか誰かを割り当ててもらい、写真をアップロードすればいい。[20]

記念式典に、イギリス側だけでなく、第一次世界大戦で殺されたすべての人を含めるよう求める声もある。

●もっと前の時代の戦争との結びつき

ポピーは第一次世界大戦以前にも戦場で見られていたのであり、これほど熱心に取り上げられたのは、ひとつには結びつきがすでに存在していたからである。もっとも早い言及はホメロスの『イリアス』にあるものにちがいない。トロイアの王プリアモスの息子で、美しく非の打ちどころがないといわれたゴルギュティオンが、兄のヘクトルを狙った矢に当たって死ぬ場面である。

さらに一本の矢をヘクトルめがけて弦から放ち、射当てんものと心は逸(はや)ったが、矢はヘクトルを逸(そ)れて、プリアモスの優れた子、容姿端麗のゴルギュティオンの胸に当った。アイシュメから嫁いできた彼の母、その姿は女神にも劣らぬ美女カスティアネイラの産んだ子であった。撃たれた男は、さながら庭先の罌粟(けし)が、実も重く、春雨にも濡れて片方に頭を垂れる如く、兜の重みにがくりと頭を片方に傾けた。［『イリアス』松平千秋訳／岩波書店］

このポピーは死者の追悼をしているわけではなくたんなる直喩だが、確かに血と結びついている。ホメロスのポピーへの言及は、ウェルギリウスにより『アエネーイス』で、16世紀にイタリアの詩人アリオストによって取り上げられ、「トールポピー」という考え方のもとになった。

マクレーの詩のちょうど100年前の1815年にあったワーテルローの戦いの舞台になる丘や谷は、何百ものポピーで飾られた満ち足りた風景を見せていたが、草はすぐにポピーと同じような深紅の血で汚れた。戦いのあとで耕された畑に現れたポピーは、死んだ兵士たちの血から生じたといわれた。ポピーはその血のように赤い花で死んだ兵士をまねているのだという人もいた。[21]

1793年生まれのジョン・クレアが、自伝的な覚え書きのなかで、子供のときに「ヒナゲシとヤグルマギクの花形帽章など」を作ったことに言及している。[22] おそらく19世紀初めには、すでに軍人のヘルメットはこれらふたつの植物と結びつけられていたのだろう。クレアがイギリスとフランスでシンボルになる花を両方入れているのもうまく符合する。

1855年に歴史家のマコーリー卿が、九年戦争で起こった1693年のランデンの戦いについて書いている。ランデンは第一次世界大戦のイーペルの戦場のすぐ近くである。マコーリーのこの場所についての描写では、ポピーは死と破壊に結びつけられている。

次の夏、2万の死骸で肥えた土壌から無数のポピーが現れた。シント＝トロイデンからティーネンへの道で、ランデンからネールウィンデンに広がるこの一面の濃い緋色を見た旅人は、ユダヤの預言者が比喩的に予言したことが文字通り成就し、大地がそこに流された血をあらわにして殺された者を隠すのを拒んでいるのだと思わずにはいられなかった。[23]

マコーリーはきっと誇張していたのだろうし、情報が完全には正確ではないかもしれないが、彼がこの一節を書いた当時、ポピーと血が強く結びつけられていたことは明らかだ。ユダヤの預言者というのはイザヤであり、旧約聖書に「見よ、主はその御座を出て　地に住む者に、それぞれの罪を問われる。大地はそこに流された血をあらわに示し　殺されたものをもはや隠そうとはしない」（「イザヤ書」26章21節）とある。

アメリカの詩人で批評家、旅行作家でもあるベアード・テイラーは、1850年代にシリア、レバノン、そのほか近隣の場所を旅して、ポピーが多いことに何度もふれ、「シリアの古戦場は血のように赤いポピーに厚くおおわれ、花は野蛮な輝きを放って咲き、殺された兵士の血のりの上で満足そうにしている」[24]と書いている。世界のこの地域ではこのポピーが別の種だった可能性もあるが、この場合もヒナゲシだったのだろう。

その後、とくに19世紀以降、ポピーがシンボルとして用いられたことの確かな事例がいくつかあり、ポピーと戦死者のつながりは第一次世界大戦より前からヨーロッパの文化的背景に存在したということができるだろう。そのまま存在し続けるのは明白で、大多数の人々にとって、戦死した兵士たちのこと、そして私たちが今日享受している多くの自由のために犠牲にされた命があったことを思い出させてくれる強力なメッセージであり続けるだろう。

第7章 アヘン

ポピーはアヘンを生産する。そのせいで、はからずも良くも悪くも人間の振る舞いに多大な影響を及ぼす犯人になった。薬物、あるいはスパイスのような必要ではないが好ましい物質を生産する植物は、大半の食用植物よりも人間の歴史に大きな影響を及ぼしてきた。コロンブスは、有名な航海に出たとき、スパイスを探し求めていた。コーヒー、茶、タバコは代表的な奴隷作物であり、コカ、大麻、アヘンなど、さまざまな植物の麻酔作用が何千年も前から儀式に使われてきた。有効成分が植物中に少量含まれていて、そうした植物は大半が熱帯か亜熱帯に生えている。見つけるのが、あるいは採集して供給するのが難しいため、少なくとも最近まで、多くの薬物がエキゾチックな雰囲気をもっていた。得るのが難しいうえに高い価値があるというのは強力な組み合わせで、結果として大半のスパイスや薬物が高価である。西洋の大半の国では20～21世紀まで断続的であるが薬物の多くが違法とされたが、かえって社会の特定の層で魅力が増しただけである。

使用の初期段階では薬物は神経系に魔法のような効果を及ぼし、アヘンも含めほとんどすべてが

ピエール＝ジョゼフ・ルドゥーテ、《ケシ》。『美花選』（1827〜34年）より。

高い中毒性を有し、このため人々はそれを得るためにどんなことでもするし大金を払う。よく知られているように、常用すると、しだいに多くの量が必要になり、影響は無害には程遠く、しばしば使用者が重大な犯罪を犯すことになる。直接的には薬物の影響から、間接的には費用をまかなおうとするためである。薬物は、人間の歴史において最良のこと（多くの場合、偶然に）と最悪のことに寄与してきた。

アヘンの性質のいくつかは、少なくとも古代エジプト文明、おそらくはメソポタミアの最古の文明の頃から知られている。その効果は大きく、たいていためにならない。詩やそのほかの著作、音楽、映画に大きな影響を与え、少なくともふたつの戦争を引き起こし、少なくとも別のふたつの大規模な軍事衝突で医療目的の非常に貴重な薬品を提供し、幻覚を起こさせる違法な薬物の巨大な市場を生み出した。

アヘンを生産するポピーは、緋色のヒナゲシとはまったく異なる種である。ケシ（*Papaver somniferum*）（このラテン語の文字通りの意味は「眠りを作るポピー」である）は、もっと大きくてしっかりした植物で、茎と葉は帯白色、つまり青みがかったロウのような艶でおおわれている。花は通常、すみれ色、紫、ピンク、あるいは白で、たいてい中心部が黒っぽいが、ヒナゲシより少し暗い色の赤い種類もある。成長しているところを見れば、ケシをヒナゲシと間違える人はいないだろう。それにもかかわらず、絵のなかでケシがしばしば緋色に描かれており、おもにそれは名前からの連想によるのだろう。ヒナゲシと同じく一年生植物で、成長すると普通、およそ1メートルの高さになり、たまに1・5メートルになることもある。ケシは通常は農地雑草ではないが、庭や空き地に

メアリー・ディレイニー、《ケシ》。1776年、水彩コラージュ。

サセックス（イングランド）のケシ。帯白色の葉と茎、そしてアヘンを生産できる未熟な蒴果が見える。

ケシの祖先かもしれない植物のひとつ、ハカマオニゲシ（*Papaver bracteatum*）。

現れる。

ケシは広く植えられてきたため、ヒナゲシと同じように、もともとどこから来たのか知るのは難しい。栽培されているものか、人間によって耕されたか掘り返されたことのある場所のありふれた雑草としてのみ知られている。これもヒナゲシと同じように、もともとは南西アジアと東地中海地域原産の可能性が高く、雑種に起源があるのかもしれない。もっとも近縁なのはおそらくトロイのポピーと呼ばれるアツミゲシ（*Papaver setigerum*）――地中海地方一帯に生えているが、アヘンは痕跡程度にしか含まない――か、イランのポピーと呼ばれるハカマオニゲシ（*Papaver bracteatum*）だろう。どちらの種もケシの親の可能性があるといわれてきた。ケシは二倍体らしいが染色体を22本もち、これはポピーの仲間のなかでは特異な数である。ケシの古い祖先で交雑が起こり、この数で安定したのかもしれない。[1] アツミゲシは四倍体で染色体を44本もつ。植物の染色体は倍加することがしばしば報告されているが半減はせず、このことから考えて、アツミゲシはケシから派生した種で、逆方向ではないのかもしれない。このふたつの種はたまに交雑することがある。[2]

ケシは何千年も前から人間によって広められてきたため、自生植物としてどれくらい広く分布していたのか誰にもわからない。とくに生産力のあるものが、数千年にわたって選ばれてきたのだろう。非常に長い間栽培されてきたため、栽培されるか耕作地のありふれた雑草としてのみ存在する実質的に別の種になったと考えてかまわないだろう。

アヘンは、未熟な莢(さや)、つまりポピーの果実の乳液からできる。果実に浅い切込みを入れて集めるが、近頃は普通、3〜4枚刃があるナイフを使い、刃は3ミリかそこら離れている。白い乳液がにじみ出て乾くと黄色の付着物になるので、それを掻き取って乾かすと生アヘンができる。理想的な場合、これが2〜3日の間隔でひとつの莢につき3〜4回できる。そのようにすると最大で1ヘクタールのケシから年に12キロもアヘンを生産できる。[3]

アヘンに含まれるもっともよく知られていてもっとも重要な薬物がモルヒネで、強力な鎮痛剤として医療で広く使われている。モルヒネはケシから最初に分離された薬物で、じつは1804年に植物から分離された最初の薬物でもある。[4] アヘンに含まれる鎮痛剤や向精神薬はそれだけではない。ほかにコデインとテバインというふたつの重要なアルカロイド剤があり、コデインは鎮痛作用と幻覚作用をもつ。テバインは未精製の状態では興奮剤だが、化学的に加工すると多数の麻酔性のアルカロイドを作ることができる。そのほかにもアヘンには、おもに腸の痙攣の治療に使われる血管拡

切込みを入れたケシの蒴果からアヘンがにじみ出ている。

張剤パパベリン、モルヒネと似た性質をもつがもっと穏やかなナルコチン、そしてこうした性質をもたないほかのアルカロイドがいくつか含まれている。莢に含まれるこうした薬物の量は非常に変動が大きい。何世紀にもわたる選抜育種により、3つの主要薬物が生アヘンの91パーセントにもなるものが作られたが、その量が14パーセントという低い値になることもある。

　こうした原料物質を精製し、化学的に改変してもっと効き目の強いものを作るため努力が重ねられてきた。アヘン中に存在する薬物やそれから派生する薬物は、オピエートと呼ばれている。モルヒネを化学的に処理するとヘロインを作ることができ、これにはおよそ2・2倍の効力がある。[5] ヘロインは1895年にドイツの製薬会社バイエルによって初めて商業的に生産されたが、初めて合成されたのはロンドンのセント・メアリーズ病院においてで1874年のことである。バイエルがそれを「ヘロイン」と呼んだのは、使用者を力強く高揚させ「英雄的(ヒロイック)な」効果をもたらすように見

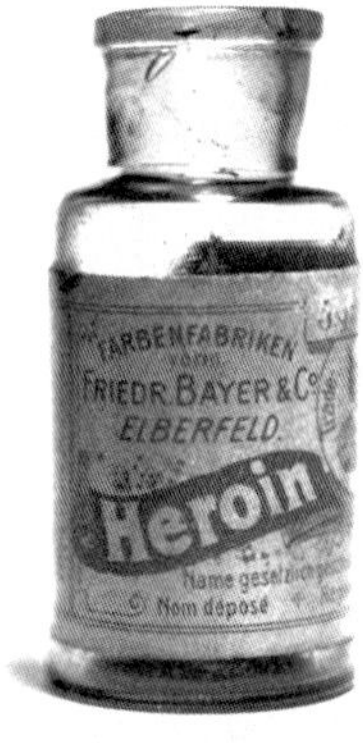

バイエル社が販売した19世紀後半のヘロインの瓶

えたからである。そのほかにも、医療に使われるオピエートがいくつかモルヒネから精製されている。

アヘンにもともと存在する3つの薬物のうちテバインはほかのふたつに比べて知られていないが、最近ではコデインのほか鎮痛剤、オキシコドン、ヒドロコドン、ヒドロモルフォンなどを合成する原料として使われている。モルヒネと違って、テバインはケシの莢だけでなく根にも存在し、ほかの2種、庭の観賞植物として普通に育てられているオニゲシ（*Papaver orientale*）とケシの野生の近縁種かもしれないハカマオニゲシの根から抽出されてきた。テバインを精製して得られるいくつかの鎮痛剤は、モルヒネの1000倍も強力なことが報告されている。ポピーに存在するオピエートに化学的によく似ていて、効果も似ているオピオイドが、1930年代以降、化学的に作られてきた。たとえばメタドンやペチジンといったよく知られた薬物がある。これらオピエートとオピオイドはみな中毒を引き起こす可能性がある。

ケシはアヘンのきわだってすぐれた生産者であり、それはその目的で育種されてきたからである。その性質が最初に発見されて以来、もっとも生産能力が高いものが選択されてきたのだろう。ほかのポピーの種でごく少量のオピエートを含むものはいくつもあるが、商業的生産ができるほど十分な濃度ではない。

アヘンには、よく知られている麻酔作用と幻覚作用に加えて、ふたつの重要な効果がある。摂取者を便秘させ、[6] そのため下痢、赤痢そのほかの腸の障害に処方される。そして呼吸系に影響を及ぼすため、咳の緩和に使われる。こうした病気の治療薬ではないが、症状を緩和することができる。

医療用アヘンを採るために植えられたケシの畑、バスク地方トレヴィーニョ（スペイン）。

心臓の不具合、不眠、理由はわからないが痛みを引き起こす問題など、さらに多くの病気に処方されてきたが、一時的な苦痛の除去はおもにその麻酔性によるものだった。目の瞳孔を収縮させる効果もある。過剰摂取の危険性が古くから知られており、よく事故死や意図的な自殺の原因になっている。

　生産されるアヘンの量は数世紀の間にかなり変動した。年に約4万1000トンの生産量だった20世紀の初め頃がピークだったろう。それが2002年には4000トンまで減少し、それはおもに主要産地のアフガニスタンがタリバンの支配下となり、タリバンがケシの栽培を禁止したからである。[7] アフガニスタンの生産量は90パーセント以上急落した。それからは再び増加したが、執筆時点で、医療需要を満たせるほど生産されていない。[8] アフガニスタンは最大の生産国だが、ビルマ（ミャンマー）と中南米の一部も輸出できるほどの量を生産している。かつては、いくつものヨーロッパの国とアメリカが重要な生産国だった。2006年に製薬会社マクファーラン・スミス（ジョンソン・マッセイ社）が、医療用にイギリスでケシを栽培することを許可された。同社は現在、場所に関する厳しい条件を課せられて、ドーセット、ハンプシャー、オックスフォードシャー、リンカンシャーで栽培している。

◉アヘン利用の小史

人間は確かに、地元にある植物がどんな特性をもっているか試そうとする傾向が強い。何かが神経系に影響を与えて鎮痛剤、興奮剤、抑制剤、幻覚剤として働くとき、それを見つけて使うためには労をいとわない。たいていまず儀式で使い、そうした植物の多くは何らかの宗教儀式と結びつけられてきた。アヘンについてもそうで、証拠によればかなり早い時期から各文明はケシを栽培し使い始めたと考えられる。[9] ヨーロッパのいくつもの地域で、紀元前4200年頃の新石器時代の墓で種子が見つかっており、青銅器時代以降はさらに多くなる。

現在のイラクにあたる古代メソポタミアのシュメール人から、アシリア人、エジプト人、インド人、ミノア人など、中東の初期の文明はみなアヘンを使った。シュメールでは少なくとも紀元前3500年以降、体系的にケシが栽培されていたことの証拠があり、ある粘土板でケシが言及されていて、これは事実上、薬局方（医薬品の使用基準書）だったものの一部である。もっとのちのメソポタミアのアッシリア人は、多くの植物の薬効成分のことをよく知っていた。もちろんアヘンもそのひとつで、いくつかの断片的な記録からみて、たんなる頭痛から打ち身、妊娠合併症、胃の疾患まで、あらゆる種類の病気や症状にアヘンが使われてきたと考えられる。

古代の文書や彫刻を解釈するのはつねに難しい作業で、アッシリアに関しても証拠に異議がさしはさまれているが、古代エジプトについてはずっと強力な証拠がある。とくに明確な関連性が、1922年に発掘された紀元前1300年頃の有名なツタンカーメンの墓に見られる。よく知られているように、ツタンカーメンは9歳か10歳で支配者になった少年王である。その前のファラオ（つまりエジプトの王）が自分の姉か妹との間にもうけた病気がちの息子だった。ツタンカーメン自身も片親が同じ姉と結婚し死産の子がふたりいて、近親婚の程度を考えれば驚くにはあたらない。ツタンカーメンは17歳か18歳で亡くなり、宝物とともに子供たちのかたわらに埋葬された。宝物のなかには多くの護符があり、エジプトに特有の「有翼スカラベ」もあった。そのいくつかでは間違いなく下部にポピーの蒴果（さくか）がある。

護符の中心的存在はスカラベ、つまり古代エジプト人から神聖視されていたフンコロガシ（*Scarabaeus sacer*、ヒジリタマオシコガネ）で、創造と復活の象徴である。[10] フンコロガシは糞を見つけるとそれを切り取って球状にし、普通は直線状に地面を転がしていったのち土に埋めて、卵を産みつけるか、たんに餌にする。フンコロガシは自分よりずっと重い糞球を転がすことができる。この行動からこの甲虫は、昼間は太陽を転がし、地平線を越えると朝になってからようやく戻ってくる、エジプトの太陽神ラーあるいはケプリと結びつけられた。そんなイメージをもつこの甲虫は地上におけるラーのシンボルになり、地球の回転を思わせるようなやり方で糞球を転がす。ラーは毎

ミノア文明の「ポピーの女神」、紀元前1400〜1100年。髪にケシの蒴果を挿している様式化された小像。

朝太陽を復活させるので、この甲虫は復活のシンボルになった。

この神秘的な連関に加え、エジプト人は、そしてのちにはギリシア人も、この甲虫はみな雄で、母親の役割を果たす糞球を受精させると信じた。幼虫は糞だけを食べて生き、若い甲虫が完全な形で糞球から現れる。では、なぜポピーが護符の聖なるスカラベと結びつけられたのだろう。この植物がケシであるということ、おそらく死の眠りを表していて、復活を意味するスカラベと対になっているのはほぼ確実と考えられる。

ツタンカーメンより少し早い紀元前1380年頃の（そしてツタンカーメンの墓より早い1906年に発掘された）カーの墓には多くの副葬品があり、モルヒネについての報告がいくつかなされたが、これには異議が唱えられ[11]、現在ではこの墓にはアヘンの使用の明確な証拠はないとされている。

クレタ島で考古学者が素焼きの小さな像を発見し、「ポピーの女神」と呼んだ。現在、イラクリオンの博物館にあり、クノッソス宮殿やファイストスの都市などを建設したミノア文明の全盛期よりあとのものである。これは紀元前1400年から1100年のもので、この頃、クレタ島はミケーネに征服され、ミケーネの植民地になっていた。この小像は初期のミノア文明の像より大きく、様式化がずっと進んでいる。挨拶あるいはもしかしたら祝福しているように、両手を上げている。頭の上にケシの蒴果がある。それが眠り、死、幻覚のいずれを表しているのかはっきりしないが、ケシなので多産を表しているのではなさそうだ。

◉古代ギリシアとローマ

ギリシアの著述家の作品のなかにはポピーへの言及がたくさんあり、それはおもにアヘンに関することである。ヒポクラテス（紀元前460頃～377年）は、予想されるように、医学論文のなかで何度もポピーに言及している。[12] 彼は異なる色のポピーの性質を区別し、「ポピーの汁」の力とその麻酔薬としての利用法に言及している。アリストテレスもその薬効について述べている。多くの著述家がポピーの危険性を警告した。なんといってもそれは非常に毒性が強いのだ。それに関連して、ポントスのヘラクレイデスが紀元前340年に書いたもので、安楽死でのアヘンの使用に言及しているのは興味深い。[13] 明らかにこの地域の人々は非常に健康で長生きしたようで、とくに女性は、衰弱したり体が不自由になったりする前にポピー、あるいはドクニンジンを用いて自ら命を絶つ人がいた。

ギリシア人は眠りの神（ヒュプノス）、夜の神（ノクス）、死の神（タナトス）を、ケシの花輪で飾ったが、たいてい実のついたものだったから、意図してケシが使われたのは明らかだ。ヒュプノスはアヘンを注ぐ姿で描かれる。世界で最初の植物学者といってもよいテオフラストスは、紀元前3世紀に「メコニオン」に言及し、アヘンの効力について説明している。その後、有名なギリシアの医師ガレノスが西暦180年頃にローマで働いていたときにアヘンの効力についてとても雄弁に書き、ローマでアヘンが広く使われるようになった。[14]

このように強い力をもつ植物は、かならずといっていいほど儀式に使われ、特別な意味を与えられた。一部の古代文明では、その使用は聖職者や魔術師に限定された。兵士のため、あるいは医療行為、とくに外科手術で使う鎮痛剤として、広く用いられた。エジプト人は赤ん坊を泣き止ませるために使ったという記録もあり、これはきっととてもよく効くだろう。また、彼らはドクニンジンとともに使って苦しまずに死ねるようにした。

ホメロスの『オデュッセイア』の、オデュッセウスと仲間たちが北アフリカ沖で「ロトパゴス」（ロートス食い）を見つけた一節は、ある果物のことをいっているらしい。ヘロドトス以来、ナツメに近縁の食べられる果実をつける刺のある低木（*Ziziphus lotus*）とされてきたが、それに麻酔性はない。「ロートス」とみなすことができる名前をもち、麻酔性をもつ、唯一可能性のある植物は、青いアフリカスイレン（*Nymphaea caerulea*）である。これはセイクリッド・ロータスつまりハスではない。ハスは姿や生育の仕方がスイレンと似ているが、類縁関係はない。アフリカスイレンは古代エジプト人にとって重要な植物で、処理して催眠剤にできたが、効き目は穏やかだった。ホメロ

ネペンテス・アラタ（*Nepenthes alata*）、現代のウツボカズラ（リンネの分類による）。

スは、睡眠を誘導する効果とこの世の苦労から解放される効果について書いており、これはむしろアヘンのことをいっているように思える。ホメロスは、いくつもの植物を一緒にして、ロトパゴスについて書いた症状を考え出したようだ。のちにホメロスは、ヘレネがテレマコスに悲しみを忘れるための薬を与えたと書き、それを「ネペンテス」と呼んだ。文字通りの意味は「苦痛のない」あるいは「悲しみのない」で、つまり古代の抗うつ剤である。ネペンテスは現在では東南アジアのウツボカズラの学名になっている。ホメロスにちなんでリンネが意図的に選んだのであり、それは「長旅のあとでこのすばらしい植物を発見して、うっとりした気持ちでいっぱいにならない植物学者がいるだろうか」[15]と思ったからだ。古代ギリシアのネペンテスはアヘンを含んでいた。テニスンは「ロートス食い」（1832年）という詩でホメロスの着想を取り入れている。ホメロスが書いたものに似た果実について描写しているが、アヘンと関係があると考えているのは明らかで、「そしてポピーが眠っているように岩棚から垂れ下がる」という行を入れている。

エンデュミオンのギリシア神話は、ローマの彫刻家に人気のあった物語である。エンデュミオンはゼウスによって老いることのない永遠の眠りにつかされた。それは、眠っているエンデュミオンを見て月の女神セレネが恋に落ちたからである。エンデュミオンがゼウスの妻ヘラと寝ようとしたので、ゼウスが罰として眠らせたとする話もある。いずれにしてもセレネはエンデュミオンのもとを訪れ、彼の子供を50人もうけた。エンデュミオンと眠りをもたらすポピーの蒴果を描いたローマの石棺がいくつかある。またローマでは豊穣の女神ケレスと結びつけることもあり、ポピーのふたつの意味が混同されている。

中東の「黄金時代」にもアヘンの効能はよく知られていた。11世紀初めに『医学典範』を書いたペルシアのイブン・スィーナーは、下痢や目の疾患などさまざまな病気にアヘンを勧めた。[16] 彼の影響力は大きく、この薬物の使用が急速に広がった。イスラム世界ではアルコールが禁止されているためアヘンの魅力がとくに大いせいもあったかもしれない。アラブのアヘン商人は利益をあげ、その頃、インドやその向こうまでアヘンの使用が広まった。

インドの古い伝説[17]

昔々、ガンジス川のほとりにリシ(ヴェーダ聖典を感得した聖者)が住んでいました。彼の小屋には1匹のネズミも住んでいました。ネズミはネコが怖かったので、リシにネコに変えてほしいと頼みました。ネコになると、イヌたちが困らせ始めたので、また変えてもらおう、でも今度はイヌに、と思いました。この望みもかなえられました。でも悩みは続き、なんとかしようとして、さらにサル、イノシシ、ゾウ、それから最後に美しい乙女へと、次々と変えてもらいました。この美しい乙女はポストモニといい、王様と結婚しましたが、すぐに井戸に落ちて死んでしまいました。悲しくてたまらない王様は、リシになんとかしてほしいと頼みました。リシは、あなたの妻を不死にしてあげようと約束し、彼女の体をポスト、つまりポピーに変えました。リシはいいました。「この植物の実はアヘンを出す。人間たちが欲張ってそれを取るだろう。それを口にした者は、ポストモニが変えられた各動物の特徴をひとつずつもつように

なる。つまり、実を口にした者は、ネズミのようにいたずらに、ネコのようにミルクを好きに、イヌのようにけんか好きに、サルのように不潔に、イノシシのように獰猛に、ゾウのように強く、女王のように活発になるだろう」と。

◉アヘンと中国

広範な使用、そしてアヘンについてよく知られているいくつかの話は、15世紀の中国で始まった。アヘンはそれより前に中国にもたらされていて、おそらくアラブの交易商人によって3世紀、もしかしたらもっと早くにもたらされた。15世紀にはアヘンはまだめずらしく、簡単には手に入らなかったが、しだいに取引が拡大し、17世紀にはある程度の量が輸入されていた。新世界から探検家によって持ち込まれた発見されたばかりのタバコと混ぜて煙を吸うことが多かった。その特性がよく知られるようになり、たぶん必然的に、ある段階でセックスと結びつけられ、「射精を止める」ので「俗人が房中術にこれを用いる」といわれた。このような考え方は1483年の徐伯齢の記述にまでさかのぼる。[18] 中国人はひどくアヘンを好むようになり、皇帝はそれを大きな問題ととらえ、広く一般に入手できる状況を心配するようになった。1729年に皇帝は、医療用を除いてアヘンの販売と喫煙を禁じる法律を布告した。これは貿易にほとんど影響を及ぼさなかったようで、貿易が続いただけでなく増加し続けた。18世紀の終わりには、中国は大量の絹、茶、香料をイギリスに売っていたが、逆方向の貿易は非常に少なく、すべて銀で支払われていた。銀の供給量は限られており、イ

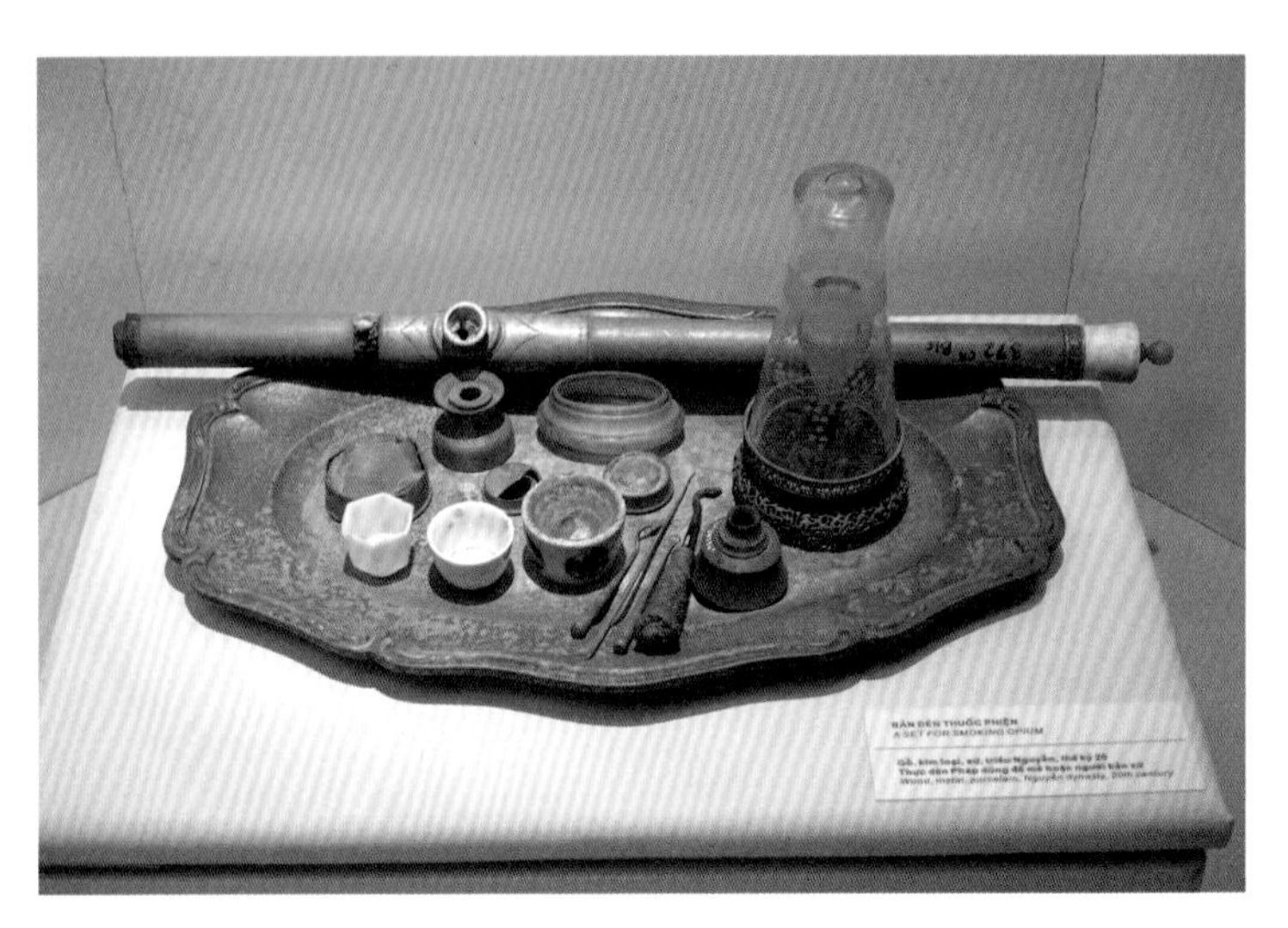

アヘンを吸うために使われた器具のセット。ベトナムの博物館の展示。

ギリスは何かほかのものが必要だった。アヘンがその品物になったのである。[19]

中国でアヘン中毒者の数が増え続けたため、1799年に皇帝はアヘンの貿易と栽培を違法とした。その頃には貿易はイギリスにとってもうかるものになってきており、中国には中毒者が400万人以上いたと推定されている。ケシはイギリス領インドの一部でよく育ち、大規模なプランテーションがいくつかあった。実質的にイギリス政府の独占企業である東インド会社がイギリスからの貿易を支配し、アヘンを大量に中国へ売るようになった。中国ではアヘンの取引が違法だったため、抜け道を見つける必要があった。それはあまり難しいことではなかった。政府に従わない中国商人のグループがあって、貿易をすべて南部の広東（現在の広州）の港を経由して行っていた。中国当局は、「外国の」貿易業者が取引できる唯一の港として広東を開いていた。もちろんその取引にはアヘンは含まれていなかったは

ウィリアム・ジョン・ハギンズ、《中国リンティン島のアヘン船、1824年》、1838年、キャンバスに油彩。

ずだが、商人たちは役人に賄賂を贈って黙らせ、盛んな取引が続いた。当然、そのような状況では贈収賄が横行し、みかじめ料の徴収、さまざまな商人やその供給元の間の競争があって、今日のマフィアを思わせるが、それはおもに同じ理由、アヘンはもうかるという理由からだった。

1834年、自由貿易協定により東インド会社の独占は終わり、ほかの貿易業者が参加したことで価格が下落した。その影響で販売量が増加し、この時点でイギリスは中国にアヘン貿易を合法化させようとしたが、うまくいかなかった。貿易はすべて広東の港だけででき、アヘン貿易で成功するには隠れてするしかなかった。すべての外国の貿易業者に港の制限が課されただけでなく、貿易のやり方や取引相手の制限もあった。アヘンはイギリスからの最大の輸入品であったため、そしてイギリスが中国と行っていた貿易では茶や絹など逆方向の非常に価値のある品物の代金の支払いをアヘンに依存していたため、外交交渉はすでにひどく緊張していた。貿易規制と賄賂が両立していたということは、中国当局と商人自身から、外国の貿易業者はみな二流でちゃんとした外交交渉にふさわしい相手ではないと思われていたことを意味する。実際、どちらの側も相手を自分より下に見ていたようだ。このためしだいに緊張が増して、双方の指導者が相手側から劣等だといわれて憤慨した。

1839年にはアヘンの輸入量がそれまでになく多くなり、ついに皇帝は貿易を全面的に止めることにした。いうまでもないがイギリス人は商品を供出せず、このため1839年3月に中国当局は広東の通りと川を封鎖した。違法なアヘンを扱っていた商人たちは供出するほかなかった。その量はアヘン2万箱、すなわちおよそ1200トンにのぼった。それがすべて大きな堀に投げ込まれて処理され、湾に放出された。アヘンの箱の破壊が最後の一撃となって、いわゆる「第一次アヘン戦争」(1839～42年)が始まる。[20]この戦争が、今なら違法で危険とみなされる薬物の貿易だけが原因で起こったと考えたのではきっと本当のところはわからない。中国に売ればもうかったかもしれないが、それが危険なことはみんな知っていたのだ。イギリス政府は貿易のことしか考えておらず、中国人に中毒者を増やせばこの貿易が増えるとみていて、それはつまり利益の追求のほうがこれらの人々のことより重要だと思っていたのだ。中国人がこの貿易は自分たちに対する侮辱だと思ったのも当然である。それでもやはり、今日、違法薬物の取引について耳にするあらゆることに、同レベルの腐敗と、取引に関与する人や中毒者に対する似たような無関心が見られる。

何度か小競り合いがあったあと、第一次アヘン戦争が本格的に始まり、イギリスの軍艦が中国軍のジャンク船を多数破壊するか損害を与えた。イギリス政府はこの戦争のためにかなりの火力を使い、イギリス海軍の指揮官チャールズ・エリオットはアヘンの損失を補償するよう要求した。その後3年にわたってイギリスは中国南部のかなりの部分を支配し、北は揚子江デルタの南側にある戦略的に重要な上海の港まで含まれていた。中国軍が敗北し、この戦争によって清王朝の威信は大いに傷ついた。1842年についに南京条約が調印された。

中国の敗北の結果、アヘン貿易が再開し、イギリスの貿易業者と外交官の待遇は同等になり、清王朝の権威の長い衰退期が始まった。広東が外国の商人に開かれた唯一の港だったが、今度は戦争に勝利したイギリスが新しい条件を要求した。もっとも重要な要求は貿易港として香港をイギリスに割譲することで、最終的に1843年に合意された。さらに、上海ともっと小さな港をいくつかイギリスの商人とその家族に開放し、中国の法律の対象としないことが合意された。その後、ヨーロッパのほかの国々にも、貿易をする権利が与えられる。イギリス政府は、イギリスのすべての船について中国全土で貿易する完全な権利を要求した。

イギリス船は自由に貿易できるようになり、1850年代中頃には、中国船は香港で登録すればイギリス船と同じ地位を与えられ、そうでなければ受けたはずの制限を免れることができた。これが先の敗北の屈辱を強く感じていた中国当局を苛立たせたのは明らかで、彼らは1回目の戦争のあとに調印された貿易協定をいくつか破り始めた。その一例が、中国人が乗組員として働いていたがイギリスの旗を掲げていた貨物船アロー号だった。1856年10月、中国海軍が海賊容疑でこの船を攻撃し、乗組員を拘束した。地域のイギリス当局から圧力がかかって彼らは解放されたが、イギ

中国のアヘン喫煙者。1880年、黎芳による写真。

リス軍は広東を攻撃した。イギリスにニュースが届くと、広東への攻撃の正当性について議会でかなりの論争が巻き起こり、ホイッグ党は中国を支持した。これがきっかけとなって議会は解散し、選挙が行われたが、トーリー党が勝利した。対立が再び激化し、続いて起こった戦争は第二次アヘン戦争と呼ばれるようになる。

戦争の正当性が疑わしいにもかかわらず、1856年にフランス人宣教師オーギュスト・シャプドレーヌ神父（現在は聖人）が殺されたため、フランスが介入してイギリスを助け、アメリカとロシアも使節を送って支援を申し出た。最終的に中国は破れ、イギリス軍は北京を攻撃して皇帝の宮殿をいくつか破壊した。その影響は広範囲に及んだ。まず、貿易業者と宣教師は、中国全土を自由に移動して取引できるようになった。次に、香港に加え、隣接する本土の九龍がイギリスに与えられた。そして、アヘンが合法化された。中国は自ら栽培し始め、20世紀の初めには国内産のアヘンを約3万トン収穫し、それ以上の量を輸入していた。中国の人口の4分の1がアヘンを常用していたと推定される。上海は依然としてアヘン取引の中心地で、20世紀初めにはアヘン窟、そしてとくにギャンブルや売春がつきものの下層社会の生活でよく知られるようになった。それがようやく終わったのは、第二次世界大戦後に共産党が権力を奪ってからのことだ。

こうしてアヘンが直接の原因となってイギリスは香港を植民地にし、香港は、中国やそのほかのアジアの品物が世界各地へ輸出され中国が他国から品物を輸入する交易所として、膨大な富をもたらした。香港は、1997年7月1日に中国に正式に返還されるまで、155年間イギリスの支配下にあった。世界のほかの国々との貿易が始まり、アヘン戦争は多数の中国人契約労働者をアメリカへ送る役割も果たした。1860年代に、彼らは安価な労働者として、アメリカに多大な富をもたらすことになる大陸横断鉄道の建設に膨大な量の労働力を供給した。

●ヨーロッパにおけるアヘン

ヨーロッパでは、知識人の間でアヘンが徐々に広まっていった。パラケルスス（1493～1541年）というスイス人医師は、自らアヘンを服用して、自分の「秘密の療法」だといってアヘンを公然とほめたたえた。[21] パラケルススはおそらく、アヘンをアルコールに溶かしてアヘンチンキを作った最初の人だろう。彼はそれを「ほめる」という意味のラテン語「ラウダーレ」にちなんで「ラウダヌム」と呼んだ。17世紀にイングランドの高名な医師トマス・シデナム（1624～

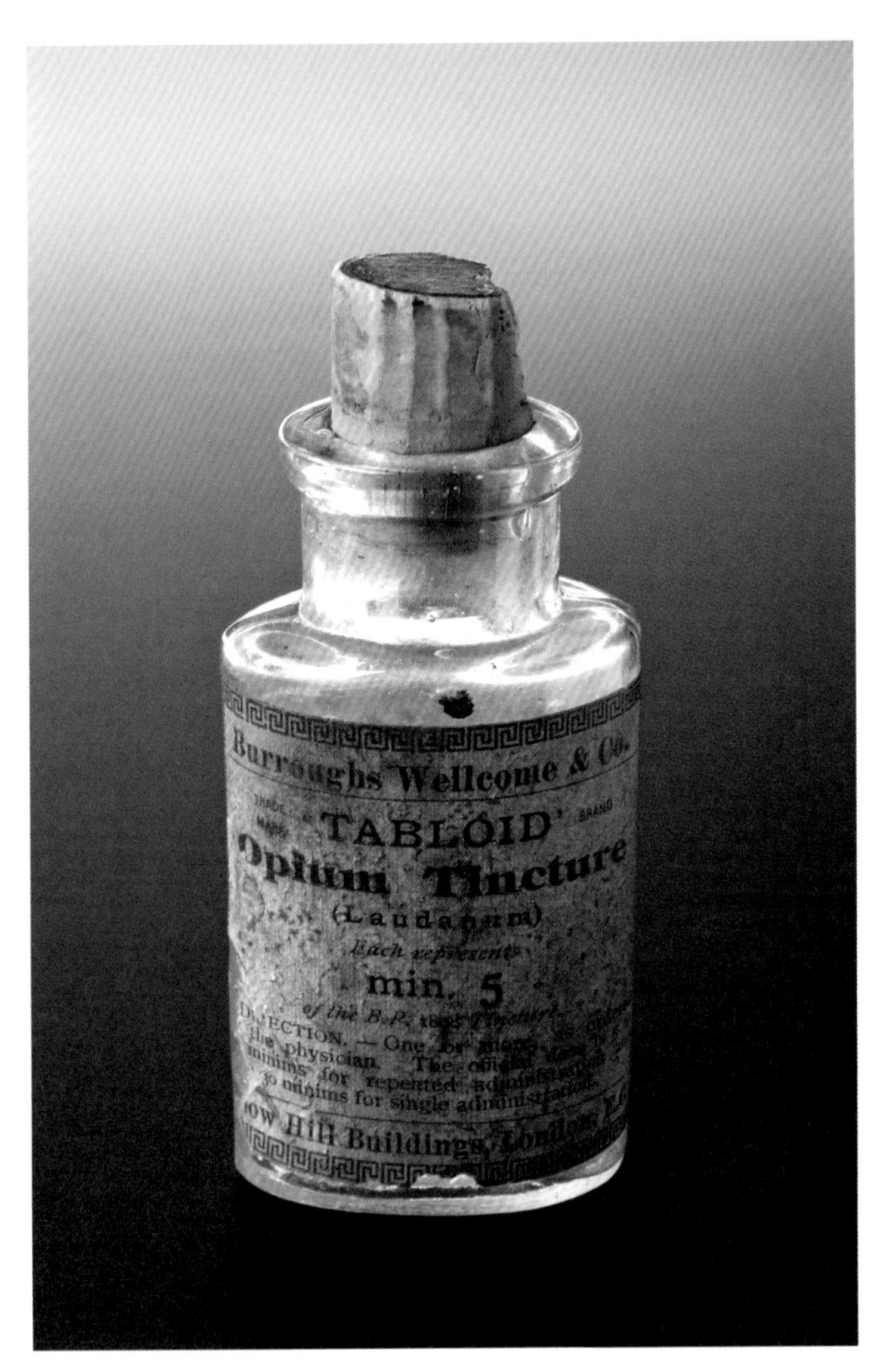

アヘンチンキの瓶。1880〜1940年頃のもの。

1689年）は、咳やとくに赤痢と下痢に対する使用を強く推奨して、「人に与えてその苦しみを和らげようと全能の神が望まれた薬のなかで、アヘンほど何にでも効く薬はない」[22]と述べている。おもにアヘンチンキの苦みを隠すために、「アヘン2オンス、サフラン1オンス、砕いたシナモンと砕いたクローブをそれぞれ1ドラム（3・5グラム、8分の1オンス）、シェリー酒1パイント（約半リットル）を混合し、15日間浸してやわらかくしたのち濾す。20滴がアヘン1グレイン（約65ミリグラム）に相当する」と製法を示している。18世紀には、これが多くの病気に処方されていた。古代エジプトの習慣に従って、おもに静かにさせておくために、薄めて子供に与えられた。現在の私たちにとってはわかりきったことだが、それは非常に危険で多くの死者が出た。この段階では政府は医薬とみなしたため、アルコールとは違って課税されず、安く「ハイ」になるためにしばしば労働者階級に用いられた。当然だが、大人にも多くの事故死が起こった。

アヘンをもっとも声高に推奨したのが、スコットランドの医師ジョン・ブラウン（1735～1788年）である。彼は、いくつかの病気は「興奮過多」、そしていくつかの病気は「興奮過少」であるという説を唱え、興奮過多の病気には鎮静剤を、興奮過少の病気には興奮剤としてアヘンチンキを処方した。彼の奇矯なところは、著書『医薬の要素 *Elements of Medicine*』（ブラウンはラテン語で書いた）を翻訳したトーマス・ベドーズが書いたものを読むと一番よくわかるだろう。序文のブラウンについての説明のなかで、ベドーズは次のように述べている。

彼の教え子のひとりから教えてもらったのだが、彼は自分が元気がないと思ったときは、一方にウイスキーのボトルを、もう一方にアヘンチンキの薬瓶を置いて、講義を始める前にグラス1杯のウイスキーにアヘンチンキを40～50滴入れ、講義の間に4回か5回繰り返し飲むことがあったという。この興奮剤の効果と自ら行う激しい活動とですぐに体が温まり、徐々に想像力が高まり激高してくるのだった。[23]

そのようにして彼は悪影響を受けたと思われる。いずれにしても、問題はそのまま続いただろう。ヨーロッパでアヘンの使用がもっとも広まりよく知られるようになったのは、19世紀の初めである。その頃には流行のサロンに入り込んでいて、たとえばチャールズ・ディケンズ、ウィリアム・ウィルキー・コリンズ、アーサー・コナン・ドイル、ジュール・ヴェルヌ、アレクサンドル・デュマ、トマス・ド・クインシーなど何人もの作家のほか、サミュエル・テイラー・コールリッジ、ジョージ・クラッブ、エリザベス・バレット・ブラウニング、シャルル・ボードレールなどの詩人も有名なアヘン服用者であり、たまにかもしれないがジョン・キーツもアヘンを用いていた。エクトル・ベルリオーズは、1830年にアヘンの影響下で「幻想交響曲」を作曲したといっている。ヴィクトリア女王さえ生理痛を軽くするために用いた。

これらの人のうちでもっともよくわかっているのがジャーナリストで随筆家のトマス・ド・クインシーである。彼は1821年の「阿片常用者の告白」で悪評を買い、それは今日まで続いている。この「告白」は最初に『ロンドン・マガジン』に発表され、のちにたいてい彼のほかの随筆とともに本の形で出版された。[24] このタイトルは聖アウグスティヌスの有名な『告白』〔服部英次郎訳／岩波

チャールズ・ディケンズの未完の小説『エドウィン・ドルードの謎』（1870年）［小池滋訳／東京創元社／1988年］のためのギュスターヴ・ドレによるアヘン喫煙の挿絵。

書店／1940～1949年」を意図的にまねており、同じように自伝的に書かれている。この長い随筆はアヘンを服用して中毒になることの不思議と恐怖を語っているが、個人的な体験談や社会に関する意見も書かれている。彼は、アヘンをやめることのできた自分が知っている唯一の人間だとほのめかして、「小生を縛(いま)しめていた呪わしき鉄鎖を殆(ほと)んどその最後の環に至るまで解き放ち得た」[『阿片常用者の告白』野島秀勝訳／岩波書店]と書いているが、ほとんどすべての中毒者がそうであるように、とくに妻の死後、アヘンをまた始めた。彼はやはり有名な中毒者であるロマン派の詩人コールリッジと親しく、彼とウィリアム・ワーズワースと一緒に湖水地方に滞在した。ド・クインシーはいつも金に困っていて、8人も子供がいたせいもあるが、もちろんアヘン中毒だったからだ。彼はアヘンの効能を絶賛し、人々に試してみるよう勧めたことで批判されている。

それよりのちのアヘン常用者であるフランシス・トンプソン（1859～1907年）は、中毒になった1891年に「ポピー」という詩を発表した。20節からなり、次のような花の描写から始まる。

夏が地面の裸の胸に口づけし、
ポピーに赤らんだ跡を残した。
あくびする火のようにそれは草から現れ、
吹きつける風があおって炎にした。

ライオンの口のような赤く焼けた口でそれは飲んだ
打ち負かされて沈む太陽の血を、
そして東の水路をワインが流れると
そのカップを紫の輝きのなかに浸した。

激しい喜びで動けなくなり、
懸命に働いたジプシーのように熱くなり、
容赦のない眠気でまどろむまで、
大きな口をすぼめて焼けつくようなキスを待つ。

よくあるように、ポピーのふたつの種が混同されている。詩は続き、恋とそれを失った悲しみ、そしてアヘン中毒で無駄にした年月をポピーの短命でしわくちゃな花にたとえる。

おそらく、アヘンによるトランス状態から生まれたもっとも有名な文学作品は、サミュエル・テイラー・コールリッジのよく知られた「クーブラ・カーン」という詩だろう。未完成で、コールリッジが「断章」だといっているこの詩の幻想的なイメージは、アヘンによる夢を思わせる。よく知られているように、夢は「ポーロックから来た人」によって中断され、コールリッジはトランス状態から覚め、詩は完成しなかった。ジョン・キーツの「ナイチンゲールによせるオード」もアヘンの作用の影響を受けていたと考えられ、この場合も生き生きとイメージが描かれ（「赤いヒポクレネが入っていて、縁では珠のような泡がぱちぱちとはぜ、飲み口には赤紫の痕がついている」）や「濁った阿片液」、「一杯のワイン」、そして「はるか遠くへ消え、溶けて、すっかり忘れたい……退屈、狂騒」〔「ナイチンゲールによせるオード」／『キーツ詩集』所収／中村健二訳／岩波書店〕という願望を述べている。[25] キーツはほかのところでポピーの催眠効果について直接的な書き方をしており、もっともわかりやすいのが彼のもうひとつの有名な詩「秋によせる」の「罌粟の香りに眠気を誘われ……まだ半分しか刈り取っていない小麦畑で眠り込んでいる」〔「秋によせる」／『キーツ詩集』所収／中村健二訳／岩波書店〕という一節である。19世紀の間ずっと、アヘンはその医療効果と幻覚作用の両方で称賛され続けた。

19世紀のイギリスの状況を考慮しながら、宗教は「民衆のアヘン」だというカール・マルクスの有名な言葉を思い出してみると、わかることがある。今日のほとんど誰もが、宗教はアヘンによってもたらされるのと似た偽りの希望と夢で人々を意のままに操り服従させる麻薬にすぎないというマルクスの考えを示していると思っている。しかし、マルクスがこの言葉を書いたのは、第一次アヘン戦争が終わった1年後の1843年で、そうした背景を考慮すると、「宗教は圧迫された生き物の溜め息であり、無情な世界における心情であり、精神なき状態の精神なのである。宗教は民衆の阿片なのだ」〔『ヘーゲル法哲学批判序説』中山元訳／光文社〕という言葉は、まったく違う意味を帯びてくる。マルクス自身もアヘンを吸い、当時それは合法だっただけでなく、重要な医薬とみなされていた。当時の読者は、彼の言葉から、服従と夢をもたらすものというだけでなく、医療効果や闘争の意味合いも強く感じられただろう。[26]

●北アメリカにおけるアヘン

北アメリカは、とくに19世紀の間、ヨーロッパと同じくらいアヘンの魅力のとりこになっていた。エドガー・アラン・ポーがアヘンを常用しその支持者だったことはよく知られており、ベンジャミン・フランクリンもそうで、彼は腎臓結石の治療薬としてアヘンを用いたが、おもな効果は鎮痛作用だったのではないかと考えられている。アメリカの医師で詩人、学者でもあったオリバー・ウェンデル・ホームズ（1809～1894年）は、1860年にマサチューセッツ医師会での演説でアヘンをほめたたえた。ほとんどの薬や薬物療法をやめるよう主張し、すべてを「海の底に沈めることができたら、人類にとっていっそう望ましい――そして魚にとってはよくない」といい、それでも「創造主自ら処方されると思われるアヘンは例外としてよい……少量のアヘンは想像力を助ける」と述べたのである。[27]

もう少しあとの作家であるL・フランク・ボームが、1900年に初版が出版された『オズの魔法使い』に、ポピーについて書いている。ドロシーと仲間たちがポピーの花畑で眠りに落ちる場面は、キーツが「秋によせる」に書いたイメージから思いついたのかもしれない。彼はこの花畑（例によって2種のポピーが混同されている）のことを、ドロシーと飼い犬のトトにとって非常に危険で、起きることのできない眠りに誘うと書いている。ドロシーは、生身の体をもっていないためアヘンの影響を受けない仲間のかかしとブリキの木こりに、自分とトトを眠りから呼び戻してもらう必要があった。ボームの物語をもとに1939年にジュディー・ガーランド主演で制作された映画

『オズの魔法使い』から着想を得たバースデーケーキ。一面のポピーの中に仲間といるドロシー役のジュディー・ガーランドを表している。

は、本よりずっとよく知られるようになり、映画でよくあるようにイメージがかなり和らげられている。映画では、よい魔女がポピーの魔法を解いてくれて、ドロシーとトトは目を覚ますことができる。このイメージはいつまでも人気があり、さまざまな目的に使われてきた。

19世紀中頃にアヘンが人気があったとしても、その後数年でまったく新たな意味をもつようになった。1861～1865年にアメリカは破滅的な内戦、つまり南北戦争に苦しんだからである[28]。それ以前の戦争でもアヘンとその派生物が痛みを軽減するのに欠かせない鎮痛剤と麻酔剤として使われていたが、この戦争ではそれがずっと大きな重要性をもつようになった。ひとつには戦闘の規模が大きかったこと、そしてひとつには兵士たちが負った傷が非常に大きかったことが理由である。兵器がずっと高度になり、手榴弾や爆弾の破片が恐ろしい苦しみをもたらした。ほとんど日常的に手足の切断手術が行われ、かならずといっていいほどアヘンが使われた。すでにふれたように、のちの時代と同じように当時も戦争の最大の死因だった下痢や赤痢の症状を少なくとも軽減するのに役立っただろう。事あるごとにアヘンが経口摂取されただけでなく軟膏の形でも使われた。また、残された多数の未亡人も、たとえ一時的でも苦しみを軽くするために使用した。

戦争のためにアヘンが重要なので、両陣営は需要を満たすためにそれぞれケシを植えることにした。その結果、北軍側と南軍側の両方でいくつもの州の広大な土地にケシが植えられた。この頃にはアヘンの中毒作用はよく知られていたが、南北戦争直後のアメリカ社会における中毒の記録はほとんどない。それを意外に思う人は多く、戦後、自分でアヘンやその派生物を用いて、続く戦傷の痛みを軽くした中毒者がいたにちがいない。だが、戦争が終わると多くの人々は麻酔作用を必要とせず、そのまま一般市民に戻った可能性もある。アヘンは中毒性ではあるが、人はそれぞれ理由があってアヘンを用いているにちがいない。戦争が終わると、兵士たちはその理由がほとんどなくなってしまったのかもしれない。このことは、1世紀ののちのベトナム戦争以降、記録で十分に裏付けられている。

1971年にアメリカ国民は、それまでの10年の戦争中にベトナムで戦ったことのある兵士の大半がその間に薬物を試したことがあったという報告に衝撃を受けた。最初はマリファナで、次にヘロインだが、どちらも違法である。ベトナムに駐屯していた間に、軍人の少なくとも40パーセントがヘロインを試したことがあり、15〜20パーセントが中毒になったらしい。アメリカ政府と国民は彼らが深刻な薬物問題に直面するのではないかと考え、一部の人々は帰国後、追跡調査をされた。起こったことに誰もが驚いた。使用者の95パーセント以上が、アメリカに帰国して1年以内にヘロインの使用をやめていたからである。[29] 少数ではあるがほかの薬物（おもにアンフェタミンかバルビツレート）に移った者もいたが、たいていは完全にやめていた。軍人が薬物を使用し続けるかどうかをもっともよく予測できる因子は、ベトナムへ行く前に薬物を使用していたかどうかだった。薬物使用者の全体数は少し増えたかもしれないし、薬物は（違法でも）比較的容易に入手できたが、薬物を使用する軍人の割合はすぐに社会全般と同程度にまで減少した。帰国して落ち着いたまったく異なる環境にいれば、大多数の軍人にとってもう薬物は必要ないというのが結論だった。これは、今日の薬物常用者にとっても、環境を変えることがもっとも有効な治療法になることを意味している。

◉20世紀

アヘンについてはつねに、とくに中国とのアヘン戦争を連想して、批判する人がいたし、19世紀の終わりには多くの著名人がアヘンの負の側面を強調するようになってきた。アヘンの弊害は前から知られていたのだが、それまで表面化していなかったのだ。だが、「アヘン窟」ができ、誰が見てもそれは根本的に腐敗といかがわしい取引と売春の場所だった。だからオスカー・ワイルドは、『ドリアン・グレイの肖像』（1890年）のなかで「阿片窟」のことを「恐怖の魔窟」［『ドリアン・グレイの肖像』富士川義之訳／岩波書店］と書いたのだ。

１９１２年、ついに万国阿片条約が起草された。そして、アメリカ、中国、イギリスを含む12の調印国は、全世界を対象とするアヘン、モルヒネ、コカインの取引の禁止に従うこととなった。イギリスは当時、どちらかというと署名に消極的で、アルコールのほうが重大な問題だと多くの人が考えていた。だが、第一次世界大戦が始まると、態度が変わった。薬物は以前よりずっと大きな問題とみなされ、有事立法と許可制度の引き締めが行われた。その結果、初めて、薬物はほとんどが地下へもぐってしまった。１９１２年の条約は１９１９年に国際的に完全に施行され、１９２０年にはアヘンとそのほかの薬物を完全に禁止するイギリスの危険薬物法が可決された。アメリカは１９２４年に結局、医療用の薬物まで禁止したが、現在は再び使用されている。

それ以降、モルヒネとそのほかのいくつかのオピエートは医療用のきわめて重要な鎮痛剤として残ってきたが、オピエートの「気晴らし目的での使用」はすべて違法である。鎮痛剤としてのオピエートとオピオイドの処方は、処方する医師はこれらがみな中毒性だということ知っているはずなのに、じつは２０００年以降アメリカで増えている。実際にはヘロイン自体は処方されないが、多くの処方薬が化学的によく似たものである。ヘロインの中毒者の数は２００４年頃から増え続けており、スポーツなどで傷害を負ったティーンエイジャーやそのほか軽度の病気がある多くの人にもオピエートの処方が広く行われていることがおもな原因だと考えられている。ヘロインは街角で手に入るオピエートであり、闇取引の売人がこの市場でもうけていて、とくに２００８年の不況以降、アメリカ社会のさまざまな職業の人々が客になっている。２００８年には初めて薬物死の人数が交通事故死の人数を上まわり、その数は増え続けている。近年、ヘロインや、バルビツレートのような化学的に誘導された薬物の使用が復活してきたようだ。

◉アフガニスタン

現代のアフガニスタンについて考えなければ、アヘンについて説明したことにはならない。[30] 世界の最貧国のひとつで、しばしば統治不可能と表現される、この途方もない国は、この数十年、世界最大のアヘン供給国だった。ポピー栽培は初めは国中で広く行われていたが、最近はヘルマンド州という南部の大きな州に集中している。ここはもともと半砂漠地帯で、農業はおもにヘルマンド川からの灌漑に依存している。灌漑は1960年代にアメリカからの援助で建設されたダムで可能になった。1979年12月24日にロシアが侵入して、しばらくこの国を支配したが、つねに反乱者がいてこの熱心なイスラム教国からロシア軍に対し激しい抵抗があった。ついに1989年2月にロシアは去り、その頃にはヘルマンド州の灌漑された土地の多くはポピー栽培にあてられていた。小麦、トマト、ワタ、ヒマワリ、タバコ、そのほかのいくつもの果物や穀物などの作物がヘルマンド州で栽培されていて、いずれも灌漑すればよく育つ。しかし、問題は単純なことで、今も続いている。少なくとも今は、これらの作物のどれよりもポピーがもうかるのである。実際、ポピーはずっと利益が上がり、農家にすれば、多くの場合、単位面積当たり2倍よりはるかに高い値がつく。

ロシア軍が去ったあと、国内の異なるイスラム勢力が互いに戦った。事実上、ロシアを撤退させたムジャヒディンに代わって、強硬派のタリバンが優勢になっていった。タリバンは、ポピー栽培は「イスラム的でない」として、1990年代に生産を大幅に減らしたが、あとでわかったように、

ヘルマンド州（アフガニスタン）のポピー畑、パトロール中のアメリカ海兵隊員とともに。

手堅く自分たちのために既存の在庫を保管していた。しかしその後、2001年にニューヨークでアルカイダによる9・11の攻撃が起こった。アメリカと有志連合がアフガニスタンに入り、ヘルマンド州は彼らの作戦基地になった。彼らはまず、残っているポピー畑をすべて破壊しようとした。その結果は意図していたこととまったく逆になった。まず、アヘンの価格が急上昇し、アヘンの道徳性について方向転換したタリバンは、蓄えていたアヘンを売り払ってかなりの利益をあげ、軍事作戦の資金にすることができた。そして、ポピーがもうけになるうえ、突然、結局のところそれほど反イスラム的ではないらしいということになって、多くの農民が再び栽培し始めた。ここは貧しい国であり、多くの農民はタリバンを支持していなかったが家族を食べさせることがどうしても最重要項目で、それはほかの何よりポピーを栽培することによって効率的に達成された。また、彼らはタリバンの保護下に入り、タリバンは用心棒代の取り立てをすることでもっと金を取れることに気づいた。ポピーはタリバンの富の源泉であり、彼らは農民を必要とした。

2007年以降、ヘルマンド州では、農民に食用作物の栽培を奨励してポピーの栽培を減らすことを狙った施策がいくつも講じられた。おもにイギリスからの援助で、破壊されたり荒れ放題になったりしていた灌漑水路がいくつか再建され、肥料が輸入された。小麦などの食用作物を再び栽培する農民への報奨金制度も導入された。こうしたものから十分な金を手に入れられれば、アフガニスタンの農民の大多数は、ポピーを栽培するより食用作物を栽培するようになるだろう。取引はほとんどが違法で闇だということをよく知っているし、なんといっても、体を衰弱させる麻薬に好意的な態度をとる人はいない。アフガニスタンのポピー畑をこれほど利益を生むものにしているのが、おもにイギリスとアメリカのヘロイン中毒者であり、中毒者の金がアフガニスタンに流入することで大きな被害を受けたのが同じ国の兵士たちなのは、なんとも皮肉なことである。

◉現代のアヘン

今ではアヘンに関する遺伝子組み換えが、少なくともいくつかの成分について行われるようになった。[31] 科学者がオピエートの生産にかかわるケシの遺伝子を操作して微生物に入れることができたら、医療用のオピエートの製造が容易にできるようになるだろう。現在のところ、醸造用酵母(*Saccharomyces cerevisiae*)を用いて一応の成功を見ている。微生物の酵素と植物の酵素を混合したものが必要で、ポピーと酵母のほかに仲立ちとして細菌(*Pseudomonas putida*)が使われている。遺伝子組み換えされた酵母により、テバインと、モルヒネの前駆物質をいくつか生産できたが、十分な活性を得るには多くの問題がある。まだ商業的に実用可能なしろものではないが、そうなるかもしれない。

ケシは私たちに貴重な医療用鎮痛剤をもたらしてきた。現在ではいくつかのオピオイドが化学的に作られているが、まだしばらくはケシへの依存が続くだろう。その一方で、違法なヘロインの市場はすぐにはなくなりそうにない。

第8章 そのほかの利用法と象徴的意味

◉食料としてのポピー

料理用に「ポピーシード」が販売されており、種子から抽出できる油にも多くの用途がある。これらは普通、それだけというわけではないが、ケシの種子である。ほかのいくつかのポピーも同じような種子を作るがケシがとりわけ重要で、それはすでに栽培されていてほかのものより手に入りやすいし、多くの植物の種子と比べれば非常に小さいものの、ほかのポピーよりは大きい、食べられるおいしい種子が大量にできるからである。通常、種子は青く、麻酔性は痕跡程度しかない。今日もっとも人気のある種類は白い種子をつけるもので、黄色や青色の種子もある。

テレビのいくつかの料理番組で推奨されてから、ポピーシード入りのケーキやビスケットなどがイギリスで人気になった。ポピーシードはたいてい、とくにレモンやオレンジといった果物、あるいはアーモンド、ヨーグルトやそのほかの材料と混ぜて使われる。先に焼く場合もある。パンのトッ

ドイツのポピーシードケーキ、シュトーレン。

ピングとしても使われ、スープ、ペストリー、サラダのほか、ディッピングソースやスプレッドに入れて使うこともできる。ポピーシードは、こうした食べ物に、特有の少しナッツに似た風味を与える。ドイツ、オーストリア、ハンガリーなどのヨーロッパの国々で、昔からシュトルーデルのような甘いペストリーやそのほかのデザートの材料やトッピングとしてよく使われている。チェコ共和国はトルコとともに世界有数の生産国で、年におよそ2万トン収穫し、もっとも多かった2008年には4万9000トンを記録したが、2013年には1万3900トンまで減少した。1993年から2013年までの間、ポピーシードの総生産量の66パーセントをヨーロッパが占めていた。[1]

ポピーシードは健康によいというふれこみで販売されており、カルシウム、カリウム、鉄分のようなさまざまなミネラルに富み、善玉脂肪酸といくつかのビタミンも含む。とりわけ消化器系の不調、潰瘍、肌荒れ、心臓の症状に対して有効だといわれている。生の状態では悪臭を放つことがあるので、冷暗所で保存する必要がある。

ポピーシードはトルコでクスクスと呼ばれる（北アフリカで生まれ多くの国で広く用いられている「クスクス」と呼ばれるセモリナ粉――粗挽きにした小麦粉――と混同しないこと）。トルコはチェコ共和国と同じくらいの量を生産しており、年間の生産量は約2万トンで、ピークの2003年には5万2000トン、2013年には1万9000トンだった。[2] クスクスはこの国にとって重要な作物になった。だが、その量とトルコにおけるポピーシードの取引は、違法な輸入の影響を受けている。[3] おもにアフガニスタンとパキスタンからの輸入であり、これらの国では栽培者はアヘンを生産することで金を得ている。つまり種子はアヘン売買の副産物であり、合法的な栽培者が要求するよりずっと安い価格で販売できる。トルコは生産量の半分もの量を、種子がカレーに使われているインドへ輸出している。トルコ国内では、おもにハルヴァのような甘いプディングやケーキを作るのに使われている。

トルコにはポピーの在来種がいくつもあり、トルコの人々もとくに赤いポピーと特別な関係を築いている。ひときわ目立つ色の飲み物やシャーベットが作られることもある。[4] ヒナゲシの花弁から作られるため、鮮やかな赤い色をしている。「赤いポピーのシロップ」は花弁から作る伝統的なシロップで、同じようにしてポピーの花弁からシャーベットを作ることもある。どちらを作るときも、花弁の基部の黒いところはかならず取り除く。基部はテバインを少し含むので、シロップやシャーベットに入れないようにするのだ。じつはヒナゲシに存在する痕跡程度の量の麻酔性成分のせいでごくわずかな麻酔作用があるため、寝つきをよくするのに使うことができる。花弁はいくつかのフラボノイド、とくにシアニジンBを含んでいるため、別の効果もあるかもしれない。この物質は赤ワインにも存在し、癌と心臓病に対する予防効果があると考えられている。

また、トルコのポピーは結婚と切っても切れない関係にある。私たちは花嫁と白いドレスを結びつけるのに慣れているので、トルコでは伝統的に花嫁は赤いドレスを着たと聞くと驚いてしまう。最近では、広まってきた白いドレスが受け入れられているが、客がお金を留めつけるための赤色の長いリボンがドレスについている。[5] その色はポピーを連想させる色だ。トルコ語で花嫁は「ゲリン」、ポピーは「ゲリンジッキ」――文字通りの意味は「小さな花嫁」――という。この伝統は一部失われつつあるのかもしれないが、名前は残っている。

◉ポピーオイル

種子を搾って採れる油は、現在ではおもに味のよい料理油やサラダ油として使われている。安定した油で、生の種子とは違ってすぐに悪臭を放つことはなく、ほとんど無臭だが、生の種子と同じような味がする。20世紀初頭にはこの油の主要生産国はフランスとドイツで、ヨーロッパや中東のさまざまな国から大量のポピーシードを輸入した。フランスとドイツは合わせて年間6万トンもの油を生産していた。「ユイール・ド・パヴォ」（フランス語で「ポピーの油」の意）、あるいはたんに「ユイール・ブランシュ」（白い油）と呼ばれて、今でもフランスで販売されているが、20世紀初めに比べるとずっと少なくなっている。２０１５年の時点で、現在ひとつの製造業者であるビオ

油を採る目的でヒマワリとポピーを植えることを推奨する1916年のドイツのポスター

プラネット社は、「より強い香り」を与えるため、ケシの油（量は明示されていない）に代えて今は青い花のポピー（*Meconopsis betonicifolia*）の油を使っていると主張している。この会社の広告を見るとまたもや種が混同されてい、瓶にある絵はどちらの種でもなく、ヒナゲシである。[6]

ポピーオイルは用途が広く、以前の用途のいくつかは今ではほかのオイルに替えられているが、医療では今でもキャリアとして使われている。その最近の主要な用途のひとつがヨウ素のキャリアとしての使用で、ヨウ素が不足していて甲状腺腫瘍を生じやすい場合か、ヨウ素を放射線造影剤として用いる場合に使用される。放射線造影剤は、ラジオグラフィーつまりX線で血液または組織を強調するときに必要とされる。ポピーオイル中のヨウ素は人体に無害だが、X線をあてるとはっきり見える。また、薬、とくに肝臓の腫瘍に対して用いられる薬のキャリアとして使われてきた。肝臓腫瘍中で濃度が高くなると考えられ、このため化学療法薬のキャリアとして有効かもしれない。[7]

ポピーオイルにはそのほかいくつも用途があり、たとえば絵具、ニス、石けんの基材になるし、オイルランプに使うこともできる。とくに画家のなかには今でも基材としてポピーオイルを使う人もおり、油絵具が使われてきたおそらく1500年もの間、絵具に使われてきたと考えられている。ポピーオイルは乾いたときにほかの油のように黄色にならず、ほかのものほど長持ちしないかもしれないが、画家が使う油やニスの基材として理想的だという人もいる。[8]

●トールポピー

1980年代にマーガレット・サッチャーがイギリスの首相として愛されると同時に嫌われたお

もな原因は、彼女が個人の特別な才能や努力を擁護したことにあった。革新的なことができそうな人や大衆から突出した人を励まし報いたいと思ったのである。首相になる前、1975年9月にニューヨークのアメリカ社会経済学研究所で演説したとき、次のように述べている。

中西部には「トールポピーを切り倒すな。伸びるままにせよ」という格言があると思います。子供たちは伸びるままにさせ、その能力があればほかの子たちより高く伸ばせばいいと私は思います。その人自身の利益と地域社会全体のために、市民ひとりひとりが自分の潜在能力を十分に高めることのできる社会、独創性、技能、実行力、勤勉が報われ、多様性と人間性の豊かさを制限するのではなく促進する社会を築かねばならないのですから。[9]

この文脈でのポピーへの言及は、もともとは古代ローマの歴史家リウィウス（紀元前60頃〜西暦17年）が、暴君タルクィニウス・スペルブス（傲慢王）からの返事について書いた内容に由来する。タルクィニウスの息子セクトゥスから、ガビイで全権力を握った今、何をすればよいか父親に尋ねる使いがやってきた。それに対しタルクィニウスは何もいわず、ただ棒を手に取り庭をなでるように振って、そこに生えていたポピーのうち一番背の高いものを切り落とした。セクトゥスはそのメッセージを、おまえの領土で権力や影響力をめぐってライバルになるかもしれない者を殺せという意味だと受け止めた。彼は傑出した人間をすべて殺し、自分が絶対的な支配者になれるようにした。

オランダの画家（のちにイングランドに定住した）ローレンス・アルマ＝タデマは、1867年に、ポピーの花壇を前にしたタルクィニウス・スペルブスの絵を描いている。

リウィウスとほぼ同時代のウェルギリウスは、『アエネーイス』の第9巻に次のように書いており、同じようなことを思ったのかもしれない。


首はがっくりと垂れて肩の間に横たわった。

そのさまはまるで、紫色の花が鍬(すき)に切り落とされて命を落としたかのようであった。あるいは激しい雨に打たれた罌粟(けし)の実が、疲れた頭(こうべ)を垂れるさまにさも似ていた。

［『アエネーイス』杉本正俊訳／新評論］

ローレンス・アルマ＝タデマ、《タルクィニウス・スペルブス》。1867年、パネルに油彩。

リウィウスは古代ギリシアの歴史家ヘロドトス（紀元前484頃～425年）が書いた同じような物語をほとんど引用して、コリントスの支配者ペリアンドロスがトラシュブロスに助言を求めたときのことを話題にしているが、この場合はポピーではなく小麦の一番背が高くてもっともよい穂をトラシュブロスは切り落とす。

このたとえは18世紀に取り上げられたらしく、まずアメリカへ渡り、それから19世紀にオーストラリアへ伝わった。チャンスの国アメリカは伝統的に進取の気性に報いてきたのであり、トールポピーを切り倒さずに育つにまかせなさいというアメリカの考え方を話題にしたマーガレット・サッチャーは、間違いなく正しかったのだ（彼女は自身の政策に、ノーベル賞を受賞したアメリカの経済学者ミルトン・フリードマンの考え方を積極的に取り入れていた）。

オーストラリアでは、この言葉は全く違った受け止め方をされ、もっと広く引用されてきた。古くからオーストラリア人は成功に対して懐疑的で、1931年にニューサウスウェールズ州の州知事ジャック・ラングは、「トールポピーの頭を切り落とす」といって平等主義の政策を導入した。[10]ずっとのちの2013年にシドニー・モーニング・ヘラルド紙のジャーナリスト、ピーター・ハーチャーが、国民の気風がどのオーストラリア人も突出するのを許さないことを説明して、「オーストラリアはトールポピー症候群の国と考えられ、成功者はすぐにほかのみんなと同じサイズにまで切り詰められる。知性、業績、そしてとりわけ富について突出してはいけないことになっている」[11]と述べた。目立つことに対する嫌悪はこの国の文化にしみ込んでいるようで、トールポピー症候群は続いているが、少なくともある程度は容認され、その点ではオーストラリアは「成長」しているかもしれないとハーチャーの記事は述べている。

社会学者のマックス・ウェーバー（1864～1920年）は、多くの社会において支配とはある人がその社会で地位を得れば別の人がそれを失うことを意味する、今なら「ゼロサムゲーム」と呼ばれるようなものだという意見を表明し、トールポピー症候群の考え方を正当化したといわれている。しかし、ウェーバーは、いったん支配的地位が確立されればほかの人たちは同列で従わなければならないという意味のことをいったが、支配的地位を維持するために「トールポピーを切り倒す」必要があるといったわけではない。実際には、ほかの人が地位を得ることがじつは、状況によっては「ポジティブサムゲーム」、さらにはネガティブサムゲームになることがあり、多くの人が得たり失ったりする。[12]

マーガレット・サッチャーのイギリスでは、とくに金融サービス業界で「トールポピー」が力強く成長し、以前はイギリスの富の源泉であった製造業にほとんど取って代わった。その従業員の給料が、サッチャーが首相だった間に実質ベースで平均60パーセント以上増加したが、最貧層の給料は同時期に実質的に減少した。

●ポピーランド

19世紀にイギリス全土に鉄道が建設されたとき、それまで孤立していた多くの場所が、都市住民、とくに裕福なロンドンの人々にとって簡単に行けるところになった。こうして、記者や批評家たちは新聞記事の対象範囲を広げ、以前は行くのに時間がかかり過ぎていた田舎の多くの場所を見ることができるようになった。そういうわけで、1883年8月のやや暑い日に、デイリー・テレグラフ紙の美術および演劇の批評家クレメント・スコット（1841〜1904年）は列車で北ノーフォークの海岸にあるクローマーへ行った。ノリッジからクローマーの町はずれにある断崖までの鉄道は1877年に完成していた。当時、クローマーは漁港だったが、おもに地元の人々によってしだいにリゾート地として利用されるようになっていた。さらに西から来てこの町の中央で止まる鉄道路線が1887年に完成した。1883年にスコットは、町の「音楽と笑い声と海岸の賑わい……バンドと海水浴の更衣車」を描写している。彼は町の喧騒を避けて崖沿いに散歩することにした。こうして目にしたもの、そして町や鉄道とのコントラストに魅了された。

私が通った野原の静けさ、周囲の景色の美しさを伝えるのは難しい。雲ひとつない青空、陽炎（かげろう）の下できらめく海、私のまわりで咲き乱れる野の花、いたるところでポピーがひときわ目立っている。

スコットは、サイドストランドの廃墟になった教会の塔を偶然見つけた。この急速に侵食される浜に、海岸の目印として保存されているのだ。教会のほかの部分はすでに崩壊し、浜辺か海の中に倒れていて、ずっと内陸にもとの教会のフリントを使って新しい教会が建てられたばかりだった。そばに小屋のある風車も見つけた。小屋でポピーが飾られた帽子をかぶったルーイ・ジャーミーという田舎娘を見かけ、その夜過ごすところが必要だったので、泊まれるだろうかと尋ねた。彼女が粉屋の娘であることがわかり、一家は喜んで泊めてくれた。スコットは新聞に載せるために田舎とそこでの暮らしについて書き始めた。牧歌的な言葉で描写し、ゆっくりとしたペースの穏やかな生活をロンドンの都会暮らしと対比した。[13] ここに住んでいる人たちがどんなに厳しい生活をしているか、彼には思い浮かばなかったようだ。記事は大勢の人に読まれ、流行に敏感なロンドン子たちが大勢訪れるようになった。多くの人が、「風車小屋の乙女」のいる粉屋の家に泊まりたがった。

クレメント・スコット自身は、その後、亡くなるまで毎年訪れた。そこにあるあらゆる花のなかでもっとも目立つポピーが彼に強い印象を与えたのは明らかで、ポピーは今でもイーストアングリアにたくさんある。この地方を永遠に「ポピーランド」とするというアイデアが、それに関する彼の貢献としてはもっともよく知られているにちがいないものから生まれた。それは、1885年にスコット自身が編集した『ザ・シアター *The Theatre*』に発表された、たいていの人が気が滅入るほど感傷的だと思う詩だ。「眠りの園」は、彼が愛した廃墟になった塔のそばの墓地に舞台が設定されている。

崖の草の上、急な坂のはずれに、
神は庭を設けられた――眠りの園を！
空の青の下、麦の緑のなか、
豪奢な赤いポピーが生まれるのはそこ！
つかのまの願望の日々、そして喜びの長い夢、

それは私のもの　私のポピーランドが見えてきたら。
かなたの音楽に、ぬれた目で、
私が思い出すのはそこ、私が忘れるのはそこ！
ああ、私の心の心！　ポピーが生まれるところで、
私はなんじを待っている、麦の静けさのなかで。
眠れ！　眠れ！
　崖から海原へ
　　眠れ、私のポピーランド、眠れ！

赤いポピーが広がる私の眠りの園で、
死者とだけの生活を待ち望む！
廃墟の塔が海原を見張り、
その足元に、親愛なる女性たちが眠る緑の墓！
彼女たちは、海のそばで暮らしていたとき、私が愛するように愛したのだろうか？
私が待つように、その日を待ったのだろうか？
死が解放をもたらし、ポピーが休息を与える前に
それぞれの胸に浮かんだのは希望かそれとも充足か？
ああ、私の命の命！　海のそばの崖の上、

草のなかの墓のそばで、私はなんじを待っている！
眠れ！　眠れ！
　一面の露のなかで！
　　眠れ、私のポピーランド、眠れ！

スコットの頭には墓地だけでなくアヘンもあったのだろうか。それはわからないし、スコットの描写は、彼の目に映ったゆったりとした生活の牧歌的な光景を伝えているだけなのかもしれない。確かなのは、彼がこの海岸とその魅力を宣伝したことで、結局、1886年にここに関する『ポピーランド――東海岸の風景について *Poppy-land: Papers Descriptive of Scenery on the East Coast*』という本を出版した。[14]

この地方の観光事業者が、この海岸と鉄道に可能性を見出した。そこがポピーランドだという考えが定着し、粉ひき小屋は「ポピーランド・コテージ」と名前が変えられた。地元の窯元により「ポピーランド焼き」が生産され、「ポピーランド香水」が発売され、地元の企業が「ポピーランドへようこそ」というポスターを何枚も印刷した。クローマーへ行く鉄道はポピーランド鉄道と呼ばれるようになり、のちに「ポピーライン」になった。

残念ながら、観光客の目的地としてのポピーランドの全盛期は長くは続かなかった。第一次世界大戦の勃発で、粉ひき小屋は将校の宿泊所になり、海岸線全体に軍隊が配置された。ルーイの父親は1916年に亡くなり、ルーイ自身は地主から立ち退きをいいわたされて隠遁生活をするようになった。クレメント・スコットが好きだった教会の塔さえ残らなかった。1916年2月に激しい嵐があって、とうとう海の中で教会の残りの部分と一緒になったのだ。新しい教会にこの塔のレプリカが建てられた。

第一次世界大戦後、クローマーはロンドンの上流社会の保養地ではなくなり、海岸のさまざまな集客施設や夜の娯楽をめざして人々が頻繁に訪れる場所になった。現在では、もしかすると少し色あせたかもしれないが、まだヴィクトリア時代の建築が目立つ海辺のリゾート地として栄えている。ノリッジとクローマーの間の路線が路線が残ったのはきっと驚くべきことで、ずっと開業していて、クローマーの西にあるシェリンガムに達している。海岸、そして「ポピーランド」に達する前にブローズ地方を迂回するが、この地域はとくに湿地の鳥でよく知られているところだ。王立鳥類保護協会はイーストアングリアの湿地を自然保護区として管理しており、とくにこの地方の鳥のなかでもとりわけカリスマ性のある、めったに姿を見せないビターン（サギ科の鳥、和名はサンカノゴイ）を保護してきた。その結果、この路線はビターンラインと呼ばれるようになった。

シェリンガムより先の路線は1960年代のビーチング博士による不採算路線廃止の対象になって廃止されたが、シェリンガムから海岸線に沿って西へ進みウェイボーン、それから内陸のホルトまでの往復およそ17キロの路線は保存鉄道として再開された。現在では、熱心な人たちが観光客相手に蒸気機関車とディーゼル機関車で保存路線を運営している。もともとはポピーランドとポピーラインはもっと東だったが、彼らはこの範囲にポピーラインの名前を復活させた。運転士は線路沿いにポピーがたくさん生えていることを確認している。

1984年に、監督のジョン・マッデンと作家のウィリアム・ハンブルが組んで、1883年のクレメント・スコットによるクローマーへの旅をもとにしたテレビ映画を制作した。彼らはそれを当然、『ポピーランド』と呼び、アラン・ハワードがスコットを演じて、1985年1月13日にBBC2の「スクリーン・ツー」シリーズのひとつとして放送した。

2002年にプラントライフという慈善団体が州の花を決めようと呼びかけると、ノーフォーク州は最初、アレグザンダーズを選んだ。これは黄色の花が咲く食べられるセリ科の植物で、おそらく古代ローマ人が香味野菜としてイギリスに持ち込んだのだろう。ノーフォークの海岸から数キロ以内の道端によく見られる特徴的な植物で、ふさわしい選択肢である。しかし多くの地元住民、おそらくとくにポピーランドのそばに住んでいる人たちが集まり、ポピーのほうがずっとふさわしい植物だといって、再投票を要求した。ポピーが勝負に勝ち、再投票によってポピーがノーフォーク州の花に確定した。そのときすでにポピーはエセックス州の花になっていた。

◉子供の遊び

子供は使えるものは何でも使って遊びを作る名人だ。ポピーは田舎の子供なら誰でも知っている花で、さまざまな遊びや気晴らしに使われてきた。一例がリチャード・メイビーの『イギリスの植物誌 *Flora Britannica*』に載っている。そこには、ポピーがたくさんあるときに花から人形を作る伝統があったことが書かれている。

花びらを下へ折って、黒い毛のある「頭」を出す。細い草を1本巻きつけ、くくってベルトにし、スカートを整える。開ききったポピーなら赤い人形ができるが、ピンクや白の人形が作りたければ未熟なつぼみを開く。

この伝統的な遊びは1980年代に復活した。この花が短い間しかもたなくて、人形もせいぜい数時間くらいしかもたなかったはずだから、奇妙な伝統に思える。

アメリカ東部に伝わる話では、ポピーの花弁を別のやり方で使っている。少女たちがポピーの花弁を集め、ガラスの間に並べて複雑な模様を描き、「ポピーショー」をするのだ。十分集まったら板の上に置いて、少女たちは「ピニー、ピニー、ポピーショー、ピンをくれたら教えてあげる」と歌う。[15] これはほかの花でもできるが、何の花を使ってもいつもポピーショーと呼ばれた。この遊びは、アメリカに持ち込まれてあちこちで非常によく目にするようになったヒナゲシで行われたにちがいない。きっとほかにも昔話や子供の遊びがあるだろう。

●愛と死のポピー

すでに論じたように、ポピーはトルコの結婚式に不可欠なものだが、ほとんどどこの国でもウェディングブーケに使われる。ただし、ヒナゲシをはじめとして多くのポピーはすぐに花弁が散るので、もっとも人気のある花にはなりそうにない。造花のポピーやポピーをプリントしたドレスのほうが望ましい。イギリスのダーラム州ダーリントンに「ポピー・ブライダル」というウェディング・

ショップがあって、ポピーのロゴを使っている。

ペルシア文学にポピーが登場するが、愛のシンボルであるチューリップと混同されていることがある。[16] 永遠の恋人の花で、それはおそらくこの花がとてもはかないからだろう。殉死のシンボルでもあるらしい。

ポピーはどこに生えていてもかならず気づかれ、アメリカ大陸のポピーにも象徴的意味がある。ひとつはメキシコのアステカ族のもので、ここに自生する黄色い花が咲くアザミゲシ（*Argemone mexicana*）は、アステカ族にとって神聖な花で、死者を養うため埋葬のときに一緒に入れられた。[17]

◉雑草、シンボル、麻薬、食べ物としていつまでも続くポピーの力

ポピーの、そしてポピーに関する著作物の非常に印象的な特徴のひとつが、私たちがさまざまなやり方でそれと影響しあってきたということだ。ポピーは、直接的にも間接的にも私たちの生活の非常に多くの側面で重要な役割を演じてきた。ヒナゲシは麦畑と戦没者追悼のシンボルで、眠りをもたらすケシと混同されたままになっている。

関係の深さは、ケシのある園芸品種のことを考えるとよくわかる。この人目を引くポピーは、1880年代に育成された。ふちにフリルのある濃いピンクの花弁が4枚あって、各花弁の基部中央あたりが白いため、花の真ん中に白い十字架ができる。この品種は「ヴィクトリア・クロス」という名前をつけられた。種子から育てても親の形質を維持し、多くの種子屋が販売している。このケシもケシ科全般に見られる派手さの実例であり、それと同時に軍人と明らかにつながりのあるケ

ケシの栽培品種「ヴィクトリア・クロス」。ミッドシャンキル自治会ガーデン、ベルファスト（北アイルランド）。

シだということがその名前によって示されている［ヴィクトリア十字章（ヴィクトリア・クロス）は、イギリスの軍人に授与される最高の戦功章］。
最後の言葉は北アイルランドの詩人マイケル・ロングリーに任せよう（「1本のポピー」より）。

何百万人も肉挽き機の中へと行進し
ホメロスにある描写が、ひとりのイギリス人兵士に
そしてヘルメットをかぶった歩兵に重なる。
「さながら庭先の罌粟（けし）が、実も重く、
春雨にも濡れて片方に頭を垂れる如く、
兜の重みにがくりと頭を
片方に傾けた」
（それをウェルギリウスが借用する――罌粟（けし）の実が、疲れた頭（こうべ）を垂れる――そして私も）
そのようにしてゴルギュティオンが死に、
一日で花を散らすポピーは
ひと夏でもう四百育ち、それはつまり
二千枚の花弁が重なり合うということ
まるで麦の女神のケープか兵士の魂のように[18]
［引用部分は『アエネーイス』（杉本正俊訳／新評論）および『イリアス』（松平千秋訳／岩波書店）］

謝辞

本書の執筆を私にさせてはどうかと編集担当のマイケル・リーマンに最初に提案してくれたヒュー・ウォリックに感謝する。マイケルは多くを私のやりたいようにさせてくれて、最初から最後まで励ましと提案と意見をいってくれた。マーサ・ジェイには最終段階でずっと助けてもらった。リーン・ド・ケイゼル、レスリー・モーズリー、マイケル・プロクター、スティーヴン・ポロックは、素晴らしい写真の使用を惜しげもなく許可してくれた。本書の執筆にあたり、長年ポピーについて研究し見識あるヨアヒム・カデライト教授との文通に少なからず助けられ、教授とランドルフ・メンゼル教授から紫外線反射パターンの写真を提供していただいた。娘のジェニー・マッケイブはトルコで結婚式を挙げたため、トルコ人とポピーの結びつきについて直接教えてくれた。ポール・カミンズ・セラミックス社のエリッサ・フェイガンには、ロンドン塔に設置されたカミンズの壮大なインスタレーションに関する情報を提供していただいた。シャロン・ラストン教授のおかげで、ジョン・ブラウンとアヘンに関する話を書くことができた。クリス・ホールズワースは、マルクスの言葉の背景に気づかせてくれた。妻のヘレンは、さまざまな段階で本書を読んで、いつものように、数多くの有益な意見を述べてくれたうえ、家庭生活に不可欠な支援をしてくれた。これらすべての人たちに大変感謝している。

訳者あとがき

本書『花と木の図書館　ポピーの文化誌』（原題 *Poppy*）は、イギリスの出版社 Reaktion Books から刊行されている Botanical シリーズの一冊です。さまざまな花や樹木を取り上げて、人間とのかかわりを歴史、文化、暮らしなどの側面から考えるシリーズで、原書房から「花と木の図書館」として邦訳版が順次刊行されています。

本書の著者、アンドリュー・ラックは、植物の生態学と遺伝学、人間と環境の相互関係の歴史などを研究しているイギリスの生物学者です。このため、生物学的な観点と文化的社会的な観点の両方から、ポピーと人間の関係について深く掘り下げた本になっています。

「ポピー」というと、何が思い浮かぶでしょうか。私の場合、5月の連休前後に近くの観光農園で催される「ポピーフェスタ」のポピー畑の風景です。色とりどりのポピーが丘一面に広がり、元気になれる、お気に入りの場所です。説明には、シャーレーポピーとアイスランドポピーが植えられているとありました。

そもそも、ポピーとは何でしょう。辞書で「ポピー」の項を見ると、「ケシ、ケシ属の植物の総称」、そして「ケシ科の植物」とあります。でも、「ケシの栽培は日本では禁止されているのでは？　じゃあ、ポピーフェスタのポピーは何？」と思って調べてみると、シャーレーポピーはヒナゲシの品種のひとつで、アイスランドポピーは和名をシベリアヒナゲシといいますがヒナゲシとは別種の植物だそうです。シャーレーポピーの育種については、本書にもくわしく書かれています。

ということで、一口にポピーといっても、いろいろなものを含んでいるようです。本書では、ケシ科全般についてもふれますが、ヒナゲシとケシを中心に話を進めます。ヒナゲシはイギリスでは麦畑の雑草で、わざわざ植えなくても一面の花畑ができ、文学作品や絵画の題材になってきましたが、近年では除草剤のせいで見ることが少なくなったのだそうです。アヘンが採れるケシは古くから栽培されてきた植物で、第7章では麻酔剤としての利用のほか、アヘン戦争やアヘン中毒なども取り上げられています。

それともうひとつ忘れてはいけないのが、戦没者追悼のシンボルとしてのポピーです。昨年（2021年）の11月にグラスゴーでCOP26（国連気候変動枠組条約第26回締約国会議）が開催されましたが、テレビのニュースなどでイギリスの要人が胸に赤い花のようなものをつけているのを何度も見かけました。これはポピーの造花です。1918年11月11日の第一次世界大戦終結を記念して、イギリスでは11月になると「ポピー募金」をして（日本の赤い羽根のように）赤いポピーをつけるのだそうです。では、なぜポピーなのか？　第6章に詳しく書かれていますので、興味のある方は読んでみてください。

かわいらしいポピーですが、本書を読むと、じつはいろいろな側面をもっていることがわかってきます。こんどポピー畑を見るときには、これまでとは違って少し複雑な気持ちになるかもしれません。
最後になりましたが、翻訳にあたり原書房の中村剛さんには大変お世話になりました。この場を借りてお礼申し上げます。

2022年1月

上原ゆうこ

Photographs Division): p. 198; photo Nerijus Liulys: p. 8 (top); Los Angeles Museum of Contemporary Art (www.lacma.org - Charles H. Quinn Bequest (75.4.9)): p. 33; photos Lesley Maudsley: pp. 145, 146; photo Ricardo Mertsch: p. 195; Metropolitan Museum of Art: pp. 15, 40, 58, 99; photo Mpv_51: p. 160; Musée du Louvre, Paris (photo Marie-Lan Nguyen): p. 93; Musée d'Orsay, Paris: p. 105 (top); Museo Pio Clementino, Rome: p. 95; National Museum of Vietnamese History, Hanoi, Vietnam: p. 172; photo Nina Sean Feenan: p. 134; Peace Pledge Union: p. 132; photo Steven Pollock: p. 212; private collections: pp. 173, 201; photo Michael Proctor: p. 48; from Pierre-Joseph Redoute, *Choix des plus belles fleurs* . . . (Paris, 1827-34): p. 153; photo Shakko: p. 201; from Edward Step, *Favourite Flowers of Garden and Greenhouse*, pictures by D. Bois, vol. I (London, 1896): p. 82; photo Taylor S-K (National Library of Scotland): p. 122; photo The Marzipan Duck: p. 186; from O. W. Thome, *Flora von Deutschland, Osterreich und der Schweiz* . . . (Berlin, 1885): p. 10; photo Topjabot: p. 10; photo United States Marine Corps: p. 191; photo xQGTinA-MPxcVg: p. 105 (top).

写真ならびに図版への謝辞

図版資料の提供元とその複製許可に感謝する。いくつかの作品の所在も示す。

Photo Adrian198cm: p. 22 (left); Art Institute of Chicago: p. 105 (bottom); Ashmolean Museum, University of Oxford: p. 100; Austrian National Library, Vienna: p. 46; photos courtesy of the author: pp. 8 (bottom), 24 (top), 24 (bottom), 26, 30, 35, 37, 38 (top), 38 (bottom), 45, 52, 54 (bottom), 56 (top), 68, 70, 75, 77, 81, 87, 88, 89, 123, 138, 139, 140, 142, 156; from Elizabeth Blackwell, *A Curious Herbal, Containing Five Hundred Cuts, of the Most Useful Plants, which are now Used in the Practice of Physick* . . . (London, 1737): p. 9; British Museum, London: p. 155; Cpl Max Bryan/MOD, the copyright holder of the photo on pp. 131, and Mike Weston ABIPP/MOD, the copyright holder of the image on p. 120, have published these under the Open Government Licence v1.0 [OGL] - readers are free to copy, publish, distribute and transmit the Information - adapt the Information - exploit the Information commercially for example, by combining it with other Information, or by including it in their own product or application - but readers must, where they do any of the above, acknowledge the source of the Information by including any attribution statement specified by the Information Provider(s) and, where possible, provide a link to this licence - ensure that they do not use the Information in a way that suggests any official status or that the Information Provider endorses them or their use of the Information - ensure that they do not mislead others or misrepresent the Information or its source - and ensure that their use of the Information does not breach the Data Protection Act 1998 or the Privacy and Electronic Communications [EC Directive] Regulations 2003); from Joseph-Pierre Buch'oz, *Collection précieuse et enliminée des fleurs les plus belles et les plus curieuses* . . . (Paris, 1776): p. 50; photo caviarkirch: p. 176; photo Daderot: p. 172; photo Rien de Keyser: p. 6; from J.-N. de la Hire, *Plantes du jardin royal etably à Paris representées au naturel par une nouvelle pratique de dessine Inventée et executée par JeanNicolas de La Hire* . . . vol. IV (Paris, 1715-1720): p. 46; Gemeentemuseum Den Haag, Netherlands: p. 106; from John Gerard, *Herball, or Generall Historie of Plantes* (London, 1597): p. 62; Herakleion Archaeological Museum, Herakleion, Crete: p. 165; photo javier martin: p. 26; photo KGM007: p. 160; photo Library of Congress, Washington, DC (Prints and

参考文献

ポピーは，生物学的説明からシンボル，連想，小説まで，さまざまな分野の文献で言及されている。このリストでは小説は除外している。これらの本はすべて，本文中の関係のある箇所で言及されている。

Bernath, Jeno, *Poppy: The Genus Papaver*（Amsterdam, 1998）

Chouvy, Pierre-Arnaud, *Opium: Uncovering the Politics of the Poppy*（London, 2009）

de Quincey, Thomas, 'Confessions of an English Opium-eater'（London, 1821）［『阿片常用者の告白』野島秀勝訳／岩波書店］

Grey-Wilson, Christopher, *Poppies: The Poppy Family in the Wild and Cultivation*, 2nd edn（London, 2005）

Grigson, Geoffrey, *The Englishman's Flora*（London, 1955）

Knuth, Paul, *Handbook of Flower Pollination*, trans. J. R. Ainsworth-Davis（Oxford, 1906-9）

Mabey, Richard, *Flora Britannica*（London, 1996）

———, *Weeds: How Vagabond Plants Gatecrashed Civilisation and Changed the Way We Think About Nature*（London, 2010）

McNab, Chris, *The Book of the Poppy*（Stroud, 2014）

Michael, Moina, *The Miracle Flower: The Story of the Flanders Fields Memorial Poppy*（Philadelphia, 1941）

Preston, C. D., D. A. Pearman and T. D. Dines, *New Atlas of the British and Irish Flora*（Oxford, 2002）

Proctor, Michael, Peter Yeo and Andrew Lack, *The Natural History of Pollination*（London, 1996）

Ruskin, John, *Proserpina: Studies of Wayside Flowers While the Air was Yet Pure Among the Alps and in the Scotland and England that My Father Knew*（London, 1888）

Saunders, Nicholas J., *The Poppy: A History of Conflict, Loss, Remembrance and Redemption*（London, 2013）

Scott, Clement, *Poppy-land: Papers Descriptive of Scenery on the East Coast*（Norwich, 1886）

	ポピーを採用する。
1950年代〜80年代	大規模機械化農業と除草剤の出現により，田舎の広い範囲からポピーをはじめとする農地雑草が消える。
1960年代	アフガニスタンのヘルマンド州で灌漑が始まり，広くアヘンが生産されるようになる。
1987年	北アイルランドのエニスキレンで「ポピー・デーの虐殺」。
2006年	マクファーラン・スミス社がイングランドでケシの栽培を始める。アニマルエイドが，戦争で死んだ動物を追悼するため紫のポピーを配布する。
2014年	第一次世界大戦勃発百周年を記念して，ロンドン塔の周囲に88万8246本のセラミックのポピーを配置したインスタレーション，ポピーを植えるための補助金，記念ウェブサイド，ポピーが描かれたいくつもの郵便切手の発行が実施される。

1839～42年	イギリスと中国清朝との間で第一次アヘン戦争が戦われ，その結果，香港がイギリスへ割譲される。
1857～59年	イギリス帝国と中国の間で戦われた第二次アヘン戦争の結果，九龍がイギリス領香港に加えられる。すべて返還されたのは1997年。
1861～64年	アメリカの南北戦争でアヘンが広く使用され，両陣営で栽培される。
1873年	モネが《アルジャントゥイユのひなげし》を描き，その後もさらにポピーのある風景画を制作する。
1879年	ウィリアム・ウィルクス牧師がシャーレーポピーを作る育種計画に着手する。
1883年	デイリー・テレグラフ紙のクレメント・スコットが鉄道でノーフォーク州クローマーを訪れ，この地について記事を書き始め，その後，一編の詩を発表し，ついには1886年に『ポピーランド』を出版する。
1888年	ジョン・ラスキンが，ポピーを完璧な花として登場させる植物学の教科書『プロセルピーナ』を出版する。
1895年	1874年にモルヒネから化学的に作り出されたヘロインが，初めて商業的に生産される。
1912～19年	万国阿片条約が起草され，アヘン貿易の世界的な禁止につながる。
1915年	第1回リメンブランス・デー；ジョン・マクレーの「フランダースの野に」が匿名で『パンチ』に発表される。
1918年	アメリカでモイナ・マイケルが，戦死した兵士のシンボルとしてポピーを使う運動を開始する。1920年にアメリカで，1921年にはほかの国々でも採用される。
1920～24年	アンナ・ゲランの発案で，フランスの戦争未亡人たちが，襟に着けるポピーの造花を世界に向けて製作する。
1924～26年	ヘイグ伯爵夫妻が，イングランドとスコットランド（それぞれ1924年と1926年）にポピーの造花を作る工場を設立する。
1933年	女性協同組合ギルドが平和主義者の抵抗のしるしとして白いポピーを作る。
1936年	ディック・シェパード司祭が平和誓約連合を結成し，白い

年表

前1万～8000年	メソポタミア（イラク）で農業が始まる。ヒナゲシがおそらく最初に農地の雑草として進化した。
前4000年頃	古代メソポタミアでポピーへの言及。
前3500～前2500年	イギリスの石器時代の遺跡にヒナゲシの証拠。
前2000年頃	メソポタミアのアッシリア人がアヘンの使用を記録。
前1300年頃	エジプトの護符にケシの蒴果が描かれる。
前1200年頃	「ポピーの女神」――ケシの莢をつけた小像――がミノア文明のクレタ島で作られる。
前400年頃	ヒポクラテスがアヘンについてくわしく記述し，異なるポピーの種を区別する。
前400～後100年頃	ギリシア神話の女神デメテルとそれに相当するローマ神話のケレスが，農業の豊穣と眠りのシンボルであるポピーをもつ姿で表現される。
後10年	リウィウスが，「トールポピー」の頭を切り落とすタルクィニウス・スペルブスを描写する。
1025年	イブン・スィーナーが『医学典範』で多くの病気にアヘンを勧める。
16～18世紀	中国でアヘンの使用が大幅に増加する。
1676年	トマス・シデナムがイングランドで『医学観察』を出版し，ほとんど万能の鎮痛剤および医薬としてアヘンチンキの処方を紹介する。
1804年	モルヒネがアヘンから精製される。
19世紀	ヨーロッパとアメリカの多数の著名な作家や作曲家など，さらにはヴィクトリア女王がアヘンを服用する。
19世紀	ハナビシソウ，木立ちポピー，そして1860年にはヒマラヤのブルーポピーなど，多くの観賞用ポピーがヨーロッパにもたらされる。
1815年	ワーテルローの戦いあと，ポピーが大量に現れたといわれる。
1821年	トマス・ド・クインシーが「阿片常用者の告白」を初めて発表する。

注

第1章　ポピーとは何か

1　P. G. Kritikos and S. P. Papadaki, 'The History of the Poppy and of Opium and their Expansion in Antiquity and in the Eastern Mediterranean Area, Part 2', *Bulletin of Narcotics*, XIX (1967), pp. 5-10.
2　J. Bernath, 'Introduction', in *Poppy: The Genus Papaver*, ed. Jeno Bernath (Amsterdam, 1998), pp. 1-6.
3　Geoffrey Grigson, *The Englishman's Flora* (London, 1955).
4　同上.
5　P. Wilson and M. King, *Arable Plants: A Field Guide* (Princeton, NJ, 2004).
6　C. D. Preston, D. A. Pearman and T. D. Dines, *New Atlas of the British and Irish Flora* (Oxford, 2002).
7　J. W. Kadereit, 'A Revision of *Papaver* L. section *Rhoeadium* Spach', *Notes Royal Botanic Garden, Edinburgh*, XLV (1989), pp. 225-86.
8　Professor J. W. Kadereit, Johannes Gutenberg Universität, Mainz, 私信, 2015.
9　R. J. Abbott, J. K. James, J. A. Irwin and H. P. Comes, 'Hybrid Origin of the Oxford Ragwort, *Senecio squalidus* L.', *Watsonia*, XXIII (2000), pp. 123-38.
10　J. W. Kadereit, 'Some Suggestions on the Geographical Origin of the Central, West and North European Synanthropic Species of *Papaver* L.', *Botanical Journal of the Linnean Society*, CIII (1990), pp. 221-31.
11　Richard Mabey, *Flora Britannica* (London, 1996).

第2章　ケシ科

1　S. Hoot and P. B. Crane, 'Inter-familial Relationships in the *Ranunculidae* Based on Molecular Systematics', *Plant Systematics and Evolution* [Supplement], IX (1995), pp. 119-31; S. B. Hoot, J. W. Kadereit et al., 'Data Congruence and Phylogeny in Papaveraceae s.l. Based on Four Data Sets *atp*B and *rbc*L Sequences, *trn*K Restriction Sites and Morphological Characters', *Systematic Botany*, XXII (1997), pp. 575-90; H. Sauquet, L. Carrive et al., 'Zygomorphy Evolved from Dissymmetry in Fumarioideae (Papaveraceae, Ranunculales): New Evidence from an Expanded Molecular Phylogenetic Framework', *Annals of Botany*, 115

(2015), pp. 895-914.

2 Christopher Grey-Wilson, *Poppies: The Poppy Family in the Wild and in Cultivation*, 2nd edn (London, 2005).
3 V. H. Heywood, ed., *Flowering Plant Families of the World* (Oxford, 1978).
4 Grey-Wilson, *Poppies*; Heywood, *Flowering Plant Families.*
5 R.M.M. Crawford, *Tundra-Taiga Biology: Human, Plant and Animal Survival in the Arctic* (Oxford, 2014).
6 Richard Mabey, *Weeds: How Vagabond Plants Gatecrashed Civilisation and Changed the Way We Think About Nature* (London, 2010).
7 *Papaver rhoeas* 'Shirley Poppy', www.seedaholic.com (2015年11月24日アクセス).
8 John Steinbeck, *East of Eden* (New York, 1952). [『エデンの東』土屋政雄訳／早川書房]
9 'The Poppy: Golden Blossoms that Greeted the California Pioneers', *Pittsburgh Press*, 2 May 1902 (2016年4月20日アクセス).
10 多くの会社がハナビシソウのチンキ剤を販売している。たとえば 'Through Old Ways Find a New Way' at store.newwayherbs.com.
11 E. E. Smith, *The Golden Poppy* (Palo Alto, CA, 1902).
12 Grey-Wilson, *Poppies.*
13 同上.
14 同上.
15 J. C. Carolan, I.L.I. Hook, M. W. Chase and J. W. Kadereit, 'Phylogenetics of *Papaver* and Related Genera Based on DNA Sequences from its Nuclear Ribosomal dna and Plastid *trnL* Intron and *trnL-F* Intergenic Spacers', *Annals of Botany*, 98 (2006), pp. 141-55; J. W. Kadereit, C. D. Preston and F. J. Valtuenã, 'Is Welsh Poppy, *Meconopsis cambrica* (L.) Vig. (Papaveraceae), Truly a *Meconopsis?', New Journal of Botany*, I (2011), pp. 80-87.
16 Christopher Grey-Wilson, 'Proposal to Conserve the Name *Meconopsis* (Papaveraceae) with a Conserved Type', *Taxon*, LXI (2012), pp. 473-4.

第3章 色

1 A. Dafni, P. Bernhardt et al., 'Red Bowl-shaped Flowers: Convergence for Beetle Pollination in the Mediterranean', *Israel Journal of Botany*, XXXIX (1990), pp. 81-92.

2 M. Modzelevich, 'Three Sisters: An Israeli Fairy Tale', www.flowersinisrael.com (2015年11月24日アクセス).
3 Michael Proctor, Peter Yeo and Andrew Lack, *The Natural History of Pollination* (London, 1996).
4 Dafni, Bernhardt et al., 'Red Bowl-shaped Flowers', pp. 81-92.
5 R. Menzel and A. Schmida, 'The Ecology of Flower Colours and the Natural Colour Vision of Insect Pollinators', *Biological Reviews*, LXVIII (1993), pp. 81-120.
6 Professors R. Menzel, Freie Universität, Berlin and J. Kadereit, Johannes Gutenberg Universit ät, Mainz, 私信, 2015.
7 Paul Knuth, *Handbook of Flower Pollination*, trans. J. R. Ainsworth-Davis (Oxford, 1906-9).
8 I. H. McNaughton and J. L. Harper, 'Biological Flora of the British Isles, *Papaver* L.', *Journal of Ecology*, LII (1964), pp. 767-93.
9 Richard Mabey, *Weeds: How Vagabond Plants Gatecrashed Civilisation and Changed the Way We Think About Nature* (London, 2010).
10 C. D. Preston, D. A. Pearman and T. D. Dines, *New Atlas of the British and Irish Flora* (Oxford, 2002).
11 Knuth, *Handbook of Flower Pollination*.
12 Q.O.N. Kay, 'Nectar from Willow Catkins as a Food Source for Blue Tits', *Bird Study*, XXXII (1985), pp. 40-44. 個人的意見も。
13 Proctor, Yeo and Lack, *Natural History of Pollination*.

第4章　ポピーの生活環

1 Michael Proctor, Peter Yeo and Andrew Lack, *The Natural History of Pollination* (London, 1996).
2 M. J. Lawrence, M. D. Lane, S. O'Donnell and V. E. Franklin-Tonge, 'The Population Genetics of the Self-incompatibility Polymorphism in *Papaver rhoeas*. v. Cross-classification of the S-alleles from Three Natural Populations', *Heredity*, LXXI (1993), pp. 581-90.
3 S. O'Donnell and M. J. Lawrence, 'The Population Genetics of the Self-incompatibility Polymorphism in *Papaver rhoeas*. IV. The Estimation of Numbers of Alleles in a Population', *Heredity*, LIII (1984), pp. 495-507.
4 S. G. Thomas and V. E. Franklin-Tong, 'Self-incompatibility Triggers Programmed Cell Death in *Papaver* Pollen', *Nature*, 429 (2004), pp. 305-9.

5　A. J. Richards, *Plant Breeding Systems*, 2nd edn (London, 1997).
6　Richard Mabey, *Weeds: How Vagabond Plants Gatecrashed Civilisation and Changed the Way We Think About Nature* (London, 2010). 個人的意見.
7　Christopher Grey-Wilson, *Poppies: The Poppy Family in the Wild and Cultivation* (London, 2005).
8　*Papaver rhoeas*, www.kew.org（2015年11月27日アクセス); 'Common Poppy', www.gardenorganic.org.uk, 2007.
9　J. Torra and J. Rascens, 'Demography of Corn Poppy (*Papaver rhoeas*) in Relation to Emergence Time and Crop Competition', *Weed Science*, lvi (2008), pp. 826-33; I. H. McNaughton and J. L. Harper, 'Biological Flora of the British Isles, *Papaver* L.', *Journal of Ecology*, LII (1964), pp. 767-93.

第5章　農業のシンボルとしてのポピー

1　K. J. Walker, 'The Last Thirty-five Years: Recent Changes in the Flora of the British Isles', *Watsonia*, XXVI (2007), pp. 291-302.
2　D. E. Balmer, S. Gillings et al., *Bird Atlas, 2007-11* (Thetford, 2013).
3　M. Shoard, *The Theft of the Countryside* (London, 1980); R. Mabey, *The Common Ground* (London, 1980).
4　L. Casswell, 'Herbicide Resistant Poppies Mean Trouble For Growers', *Farmers Weekly*, 5 September 2014.
5　A. Lack, 'Plants', in *Silent Summer*, ed. N. Maclean (Cambridge, 2010), pp. 633-66.
6　Rachel Carson, *Silent Spring* (Cambridge, MA, 1962).（『沈黙の春』，青樹簗一訳，新潮社）
7　D. Buffin and T. Jewell, 'Health and Environmental Impacts of Glyphosate' (Friends of the Earth, 2001); Friends of the Earth Europe, 'The Environmental Impacts of Glyphosate' (Friends of the Earth Europe, 2013).
8　'Sumer/Akkadian/Babylonia/Assyria', www.pinterest.com（2015年11月27日アクセス); Nicholas J. Saunders, *The Poppy: A History of Conflict, Loss, Remembrance & Redemption* (London, 2013).
9　Robert Graves, *Greek Myths* (London, 1955). [『ギリシア神話』高杉一郎訳／紀伊國屋書店]
10　頭にポピーの花冠をかぶったケレスへの言及や絵はたくさんある。'Myths about the Roman Goddess Ceres', www.tribunesandtriumphs.org; 'Ceres', www.

talesbeyondbelief.com（どちらも2015年11月27日アクセス）.
11　Richard Mabey, *Flora Britannica* (London, 1996); Geoffrey Grigson, *The Englishman's Flora* (London, 1955).
12　John Ruskin, *Proserpina: Studies of Wayside Flowers While the Air was Yet Pure Among the Alps and in the Scotland and England that My Father Knew* (London, 1888).
13　E. O. Wilson, *Biophilia* (Cambridge, MA, 1984)．[『バイオフィリア――人間と生物の絆』狩野秀之訳／筑摩書房]
14　D. H. Lawrence, *A Study of Thomas Hardy and Other Essays* [1915] (Cambridge, 1985). [『トマス・ハーディ研究――王冠』倉持三郎訳／南雲堂]
15　D. H. Lawrence, *Reflections on the Death of a Porcupine and Other Essays* [1916] (Cambridge, 1988).

第6章　戦没者追悼のシンボルとしてのポピー

1　戦争の死傷者に関する統計の情報源は多数あり，もっとも信頼できるのはおそらく the *Commonwealth War Graves Commission* Annual Report 2013-14。M. Duffy, 'Military Casualties of World War One', www.firstworldwar.com (2009）も。
2　N. P. Johnson and J. Mueller, 'Updating the Accounts: Global Mortality of the 1918-1920 "Spanish" Influenza Pandemic', *Bulletin of the History of Medicine*, 76 (2002), pp. 105-15. '1918 Flu Pandemic', www.history.com（2015年11月27日アクセス）.
3　Nicholas J. Saunders, *The Poppy: A History of Conflict, Loss, Remembrance and Redemption* (London, 2013).
4　www.ppu.org.uk（2015年11月27日アクセス）.
5　Moina Michael, *The Miracle Flower: The Story of the Flanders Fields Memorial Poppy* (Philadelphia, PA, 1941).
6　www.poppyfactory.org.uk and www.ladyhaigspoppyfactory.org.uk（2015年11月27日アクセス）.
7　P. Fussell, *The Great War and Modern Memory* (Oxford, 1975).
8　W. Orpen, *An Onlooker in France* (1917-19), quoted by Richard Mabey in *Weeds: How Vagabond Plants Gatecrashed Civilisation and Changed the Way We Think About Nature* (London, 2010).
9　'The Story of the Poppy', www.britishlegion.org.uk（2015年11月27日アクセス）.

10 'BBC revives John Foulds' "A World Requiem for Armistice Day"', 11 November 2007, www.bbc.co.uk.
11 A. Gregory, *The Silence of Memory: Armistice Day, 1918-1946* (London, 1994).
12 www.ppu.org.uk（2015年11月27日アクセス）.
13 Vera Brittain, *Born 1925* (London, 1948).
14 www.cooperativewomensguild.coop（2015年11月27日アクセス）.
15 'Purple Poppy 2011', www.animalaid.org.uk（2015年11月27日アクセス）.
16 R. Fisk, 'Poppycock', *The Independent*, 7 November 2013.
17 Dan Hodges, 'Wear One, Don't Wear One. It's Time to Call a Truce in the War of the Poppy', *The Daily Telegraph*, 8 November 2013.
18 M. Longley, 'Poppies', in *Collected Poems* (London, 2006).
19 Elyssa Fagan, Paul Cummins Ceramics Ltd, representative, 私信，2015.
20 www.flanderfields1418.com（2016年4月10日アクセス）.
21 'A Near Observer', *The Battle of Waterloo Part 1: Circumstantial Detail Relative to the Battle of Waterloo*, 8th edn (London, 1816).
22 J. Bate, *John Clare: A Biography* (London, 2004).
23 Lord Macaulay, *A History of England*, Chapter Twenty (London, 1855).
24 'Traveller: The Poppy', *Liverpool Herald*, 19 July 1902.

第7章　アヘン

1 J. W. Kadereit, 'A Note on the Genomic Consequences of Regular Bivalent Formation and Continued Fertility in Triploids', *Plant Systematics and Evolution*, CLXXV (1991), pp. 93-9.
2 U. C. Lavania and S. Srivastava, 'Quantitative Delineation of Karyotype Variation in *Papaver* as a Measure of Phylogenetic Differentiation and Origin', *Current Science*, LXXVII (1999), pp. 429-35.
3 A. Aggrawal, *Narcotic Drugs*, Chapter Two (Delhi, 1995); M. J. Brownstein, 'A Brief History of Opiates, Opioid Peptides and Opioid Receptors', *Proceedings of the National Academy of Sciences*, USA, XC (1993), pp. 5391-3; P. G. Kritikos and S. P. Papadaki, 'The History of the Poppy and of Opium and their Expansion in Antiquity in the Eastern Mediterranean Area' [1967], trans. G. Michalopoulos, *Bulletin of Narcotics*, XIX (2001), pp. 17-38.
4 A. N. Hayes and S. J. Gilbert, 'Historical Milestones and Discoveries that Shaped the Toxicological Sciences', in *Molecular, Clinical and Environmental Toxicology*,

vol. I: *Molecular Toxicology*, ed. A. Luch (Basel, 2009), pp. 1-35.

5 J. Sawynok, 'The Therapeutic Use of Heroin: A Review of the Pharmacological Literature', *Canadian Journal of Physiology and Pharmacology*, LXIV (1986), pp. 1-6.

6 MediLexicon International Ltd, 'All About Opioids and Opioid-induced Constipation (OIC)', www.medicalnewstoday.com (2015年11月28日アクセス).

7 B. Crosette, 'Taliban's Ban on Poppy a Success, U.S. Aides Say', *New York Times*, 20 May 2001.

8 G. Peters, *Seeds of Terror: How Drugs, Thugs and Crime are Reshaping the Afghan War* (New York, 2009); R. Nordland, 'Production of Opium by Afghans is Up Again', *New York Times*, 15 April 2013.

9 M. D. Merlin, *On the Trail of the Ancient Opium Poppy* (Madison, NJ, 1985); Pierre-Arnaud Chouvy, *Opium: Uncovering the Politics of the Poppy* (London, 2009).

10 B. Ratcliffe, 'Scarab Beetles in Human Culture', *Coleopterists' Society Monograph no. 5* (2006), pp. 85-101.

11 N. G. Bisset, J. G. Bruhn et al., 'Was Opium Known in 18th-dynasty Ancient Egypt? An Examination of Materials from the Tomb of the Chief Royal Architect Kha', *Journal of Ethnopharmacology*, XLI (1994), pp. 99-114.

12 E. Astyrakaki, A. Papaioannou and H. Askitopoulou, 'Reference to Anesthesia, Pain and Analgesia in the Hippocratic Collection', *Anesthetics and Analgesics*, CX (2010), pp. 188-94.

13 J. Bernath and E. Nemeth, 'Poppy: Utilization and Genetic Resources', in *Genetic Resources, Chromosome Engineering and Crop Improvement*, ed. R. J. Singh, Chapter Fourteen (London, 2012).

14 Kritikos and Papadaki, 'History of the Poppy', pp. 17-38.

15 H. J. Veitch, '*Nepenthes*', *Journal of the Royal Horticultural Society*, XXI (1897), pp. 226-62.

16 M. Heydari, M. H. Hashempur and A. Zargaran, 'Medicinal Aspects of Opium as Described in Avicenna's Canon of Medicine', *Acta Medico-historica Adriatica*, XI (2013), pp. 101-12.

17 Aggrawal, *Narcotic Drugs*.

18 Z. Yangwen, *The Social Life of Opium in China* (Cambridge, 2005).

19 P. B. Ebrey, *The Cambridge Illustrated History of China* (Cambridge, 1996).

20 W. T. Hanes iii and F. Sanello, *The Opium Wars: The Addiction of One Empire and the Corruption of Another* (Naperville, IL, 2002); J. Lovell, *The Opium War: Drugs, Dreams and the Making of China* (London, 2012).

21 P. Ball, *The Devil's Doctor: Paracelsus and the World of Renaissance Magic and Science* (London, 2006).

22 R. A. Braithwaite, 'Heroin', in *Molecules of Death*, ed. R. H. Waring, G. B. Steventon and S. Mitchell (London, 2007).

23 T. Beddoes, 'Preface' to translation of *The Elements of Medicine of John Brown* (Portsmouth, NH, 1803).

24 Thomas de Quincey, 'Confessions of an English Opium-eater', *London Magazine* (September 1821). [『阿片常用者の告白』野島秀勝訳/岩波書店]

25 N. Roe, *John Keats: A New Life* (New Haven, CT, 2012).

26 A. M. McKinnon, 'Reading "Opium of the People": Expression, Protest and the Dialectics of Religion', *Critical Sociology*, XXXI (2005), pp. 15-38.

27 Oliver Wendell Holmes, 'Currents and Counter-currents in Medical Science' and 'Dr Holmes vs the Medical Profession', address to the Massachusetts Medical Society, 30 May 1860.

28 Nicholas J. Saunders, *The Poppy: A History of Conflict, Loss, Remembrance and Redemption* (London, 2013).

29 L. N. Robins, D. H. Davis and D. W. Goodwin, 'Drug Use by U.S. Army Enlisted Men in Vietnam: A Follow-up on their Return Home', *American Journal of Epidemiology*, XCIX (1973), pp. 235-49; James Clear, 'Breaking Bad Habits: How Vietnam War Veterans Broke their Heroin Addictions', www.jamesclear.com (2015年11月29日アクセス).

30 G. Peters, *Seeds of Terror* (New York, 2009).

31 K. Thodey, S. Galanie and C. D. Smolke, 'A Microbial Biomanufacturing Platform for Natural and Semisynthetic Opioids', *Nature Chemical Biology*, X (2014), pp. 837-44.

第8章　そのほかの利用法と象徴的意味

1 Food and Agriculture Organization of the United Nations Statistics Division, faostat3.fao.org (2015年11月29日アクセス).

2 同上.

3 P. L. Vincent, 'Import of Turkish White Poppy Seeds Threaten Opium Farmers',

The Hindu, 18 January 2014.

4 L. Ekici, 'Effects of Concentration Methods on Bioactivity and Color Properties of Poppy (*Papaver rhoeas* L.) Sorbet, a Traditional Turkish Beverage', LWT *Food Science and Technology*, 56 (2014), pp. 40-48.

5 'Adagelincik Red Poppy', www.bozcaada.info (2015年11月29日 アクセス); Jennie McCabe, 私信, 2015.

6 'Poppyseed Oil: A Rare Almost Forgotten Oil', www.bioplanete.com (2015年11月29日).

7 R. E. Hind, M. Loizidou et al., 'Biodistribution of Lipiodol Following Hepatic Arterial Injection', *European Journal of Surgical Oncology*, 18 (1992), pp. 162-7.

8 B. Creevy, *The Oil Painting Book: Materials and Techniques for Today's Artists* (New York, 1994).

9 Margaret Thatcher, 'Speech to the Institute of SocioEconomic Studies, "Let Our Children Grow Tall"', 15 September 1975, www.margaretthatcher.org (2015年11月29日アクセス).

10 'Tall-poppy syndrome', www.users.tinyonline.co.uk/gswithenbank/sayingst.htm, ac (2015年11月29日アクセス).

11 P. Hartcher, 'Voters Now at Ease with Rich Pickings', *Sydney Morning Herald*, 30 July 2013.

12 J. Allen, *Lost Geographies of Power* (Oxford, 2003).

13 Simon Appleyard, 'Poppyland', from *This England* (1987), http://jermy.org, (2015年11月29日).

14 C. Scott, *Poppy-land: Papers Descriptive of Scenery on the East Coast* (Norwich, 1886); D. Cleveland, 'Poppy-land', *The Lady* (5 June 1975), pp. 1002-3. 'Poppyland', www.literarynorfolk.co.uk, and 'A Dictionary of Cromer and Overstrand History', www.cromerdictionary.co.uk (2015年11月12日アクセス).

15 F. D. Bergen, 'Poppy Shows', *Journal of American Folklore*, 8 (1895), pp. 152-3.

16 Mercede K., 'Poppy Field in Mt Damavand', http://undercloudy-sky.blogspot.co.uk, 3 April 2012; '*Papaver rhoeas*', en.wikipedia.org (2015年11月12日アクセス).

17 K. Edley, '*Argemone Mexicana* – Prickly Poppy', www.entheology.org (2015年11月29日アクセス).

18 Michael Longley, 'A Poppy', from *Collected Poems* (London, 2006).

アンドリュー・ラック（Andrew Lack）
イギリスのオックスフォード・ブルックス大学の生物学講師。研究分野は植物の生殖生態学と遺伝学，熱帯雨林の生態学，人間と環境の相互関係の歴史と哲学。博物学，植物学，生物学に関する著書があり，邦訳されたものに『植物科学キーノート：plant biology』（シュプリンガー・ジャパン編，坂本亘・小川健一訳，丸善出版），そのほか『受粉の博物学 *The Natural History of Pollination*』，『沈黙の夏 *Silent Summer*』などがある（いずれも共著または分担執筆）。1953年生まれ。オックスフォード在住。

上原ゆうこ（うえはら・ゆうこ）
神戸大学農学部卒業。農業関係の研究員を経て翻訳家。広島県在住。おもな訳書に，バーンスタイン『癒しのガーデニング』（日本教文社），ハリソン『ヴィジュアル版 植物ラテン語事典』，ホブハウス『世界の庭園歴史図鑑』，ホッジ『ボタニカルイラストで見る園芸植物学百科』，キングズバリ『150の樹木百科図鑑』，トマス『なぜわれわれは外来生物を受け入れる必要があるのか』，バターワース『世界で楽しまれている50の園芸植物図鑑』（原書房）などがある。

花と木の図書館

ポピーの文化誌

●

2022年2月24日　第1刷

著者……………アンドリュー・ラック
訳者……………上原ゆうこ
装幀……………和田悠里
発行者……………成瀬雅人
発行所……………株式会社原書房

〒160-0022 東京都新宿区新宿1-25-13
電話・代表 03(3354)0685
振替・00150-6-151594
http://www.harashobo.co.jp

印刷……………新灯印刷株式会社
製本……………東京美術紙工協業組合

ISBN 978-4-562-05958-4, Printed in Japan